Experimentelle aquatische Chemie

In der Reihe „Labor im Fokus"
sind außerdem erschienen:

***In situ*-Hybridisierung** von A. R. Leitch, T. Schwarzacher, D. Jackson und I. J. Leitch

PCR, 2. Auflage, von C. R. Newton und A. Graham

Kultur tierischer Zellen von S. J. Morgan und D. C. Darling

DNA-Fingerprinting von M. Krawczak und M. Schmidtke

Gentechnische Methoden von D. S. T. Nicholl

Genisolierung von E. Meese und A. Menzel

Transgene Tiere von J. Schenkel

Transgene Pflanzen von H.-H. Steinbiß

Kultur von Mikroorganismen von S. Isaac und D. Jennings

Nucleinsäure-Blotting von D. C. Darling und P. M. Brickell

Antikörper-Techniken von E. Liddell und I. Weeks

Patch-Clamp-Technik von M. Numberger und A. Draguhn

Elektrophorese von Nucleinsäuren von R. Martin

Genomanalyse von S. B. Primrose

Membranphysiologie von W. und R. Hanke

DNA-Protein-Interaktionen von M. Neurath (Hrsg.)

Weitere Titel in Vorbereitung.

Stefan Peiffer und Klaus Pecher

Experimentelle aquatische Chemie

Spektrum Akademischer Verlag Heidelberg · Berlin · Oxford

Die Deutsche Bibliothek – CIP-Einheitsaufnahme

Peiffer, Stefan:
Experimentelle aquatische Chemie / Stefan Peiffer und Klaus Pecher. – Heidelberg ; Berlin ; Oxford : Spektrum, Akad. Verl., 1997
(Labor im Fokus)
ISBN 3-8274-0136-4 kart.

Lektorat: Ursula Loos, Marion Handgrätinger (Ass.)
Redaktion: Anne-Kathrin Otte
Produktion: Daniela Brandt
Umschlaggestaltung: Zembsch' Werkstatt, München
Satz: Kühn & Weyh, Freiburg
Druck und Verarbeitung: Franz Spiegel Buch GmbH, Ulm

Spektrum Akademischer Verlag Heidelberg · Berlin · Oxford

Inhalt

Vorwort

Die Entwicklung des vorliegenden Buches geht auf eine Anregung von Spektrum Akademischer Verlag zurück, die Erfahrungen und das Material aus einem gewässerchemischen Praktikum aufzuarbeiten und für die Spektrum-Reihe *Labor im Fokus* zu strukturieren. Das Buch versteht sich als eine Brücke zwischen den reinen Methodensammlungen und den Grundlagen, die üblicherweise in Lehrbüchern oder in der Primärliteratur zu finden sind. Hauptanliegen des Buches ist es, dem Leser einen experimentellen Zugang zu Fragen der Gewässerchemie zu ermöglichen.

Alle Versuche, Experimente und Untersuchungen basieren auf der Praxis einer 10jährigen Erprobung und Optimierung. Grundlage dazu bildete die Auswertung der „Praktikumskritiken" seitens einer Vielzahl von Studierenden der Geoökologie, die sehr zur Verbesserung der Versuchsanleitungen beigetragen haben. Damit sollten die Experimente eigentlich robust sein und können somit als Unterrichtseinheiten in praktische Lehrveranstaltungen übernommen werden. Doch bekanntlich steckt der Teufel im Detail. Aus diesem Grunde sind wir für Anregungen sehr offen, sowohl was die Durchführung der Versuche als auch eine etwaige Erweiterung des Rahmens des Buchs anbelangt.

Frau Erika Misch möchten wir herzlichst danken für die großen Mühen bei der schriftlichen Umsetzung. Ferner möchten wir die konstruktiven Diskussionsbeiträge und Anregungen von Thomas Morshäuser, Thomas Striebel und Jörg Lindemann erwähnen.

Stefan Peiffer und Klaus Pecher
Bayreuth, im März 1997

1. Einführung und allgemeiner Literaturüberblick

In Deutschland hat die Wasserchemie eine sehr lange wissenschaftliche Tradition, die sich vor allem aus technischen Fragestellungen heraus entwickelt hat. Probleme der Trinkwasseraufbereitung oder des Korrosionsschutzes standen (und stehen) im Vordergrund wissenschaftlicher Forschung. Eine Reihe hervorragender Lehrbücher (z. B. Sontheimer et al., 1980) fokussieren dementsprechend neben den physikochemischen Grundlagen vor allem die technischen Anwendungsgebiete der Wasserchemie. In jüngerer Zeit rückten jedoch Probleme des Gewässerschutzes die Bedeutung der Litho- und Biosphäre für die Zusammensetzung des Wassers in den Mittelpunkt der Studien (z. B. Mattheß, 1990). Das Erscheinen des Buches *Aquatic Chemistry* im Jahre 1970 (Stumm und Morgan, 1970) markiert den Beginn quantitativer Untersuchungen des Chemismus natürlicher Gewässer. Damit war die Brücke zwischen physikalischer Chemie des Lösungsmittels Wasser und klassischer Geochemie geschlagen worden. Stoffkonzentrationen wurden forthin als Ausdruck eines stationären Gleichgewichts einer Vielzahl von biotischen und abiotischen Vorgängen – insbesondere an der Grenzfläche zwischen Wasser und Festphase – betrachtet, deren Quantifizierung Ziel der Forschung wurde – die aquatische Geochemie war geboren.

Der Konzepte und der Methoden der aquatischen Geochemie bedienen sich heute alle naturwissenschaftlichen Teildisziplinen, die in irgendeiner Form mit der Chemie des Wassers zu tun haben, sei es die Bodenkunde, die Limnologie, die Hydrologie und die Hydrogeologie. Am meisten verwurzelt ist sie jedoch in der Ozeanographie, in der schon früh viele Grundlagen erarbeitet wurden. Auch die junge Disziplin der Umweltnaturwissenschaft ist auf ein Verständnis geochemischer Vorgänge angewiesen, um den Verbleib von anthropogenen Spurenstoffen in der Hydrosphäre zu erforschen.

Diese Entwicklung hat zum Erscheinen einer Vielzahl von Lehrbüchern geführt (Morel und Hering, 1993; Sigg und Stumm, 1993) – eine methodische Umsetzung fehlt jedoch bislang auf dem Büchermarkt. Eine Reihe von ausführlichen Werken über die Analyse von Wasserinhaltsstoffen existiert bereits (Höll, 1986; Hütter, 1994). Mit den Deutschen Einheitsverfahren steht ein breites Spektrum ausgetester und statistisch abgesicherter Analysemethoden zur Verfügung, um die Konzentration von Wasserinhaltsstoffen zu untersuchen, etwa im Rahmen einer Trinkwasseruntersuchung. Eine darüber hinausgehende Anleitung zur quantitativen Verknüpfung von Einzelmeßwerten mit den Vorgängen in der Hydrosphäre ist jedoch bislang nur in Ansatzpunkten vorhanden.

Das vorliegende Buch möchte diese Lücke schließen, indem es die Idee des *Hydrochemischen Grundpraktikums* (Frevert, 1983) zu einer aufeinander aufbauenden Folge von Experimenten weiterentwickelt. Hinzu kommt stützend ein Theorieteil. Die *Experimentelle aquatische Chemie* stellt einen Versuch dar, wichtige Kenngrößen (pH-Wert, Aktivitätskoeffizienten) und Vorgänge (Kalk-Kohlensäure-Gleichgewicht) in der aquatischen Geochemie durch Experimente zu erschließen und somit dem Lernenden verständlich zu machen. Das Buch wendet sich an Studierende und Wissenschaftler aus verschiedenen Fachdisziplinen (Limnologen, Geologen, Geoökologen, Bodenkundler, Umweltnaturwissenschaftler, Bauingenieure), die sich im Rahmen ihrer Tätigkeit mit der Chemie des Wassers auseinandersetzen. Es dient aber auch Chemikern zum Blick über den Tellerrand in die Problemstellungen der naturwissenschaftlichen Nachbardisziplinen.

Hauptanliegen des Buches ist die Vermittlung von Methoden zur quantitativen Verknüpfung von Meßwerten, die im Rahmen wissenschaftlicher Untersuchungen anfallen, mit bestimmten Fragestellungen der aquatischen Geochemie. Es versteht sich insofern nicht als Analysenhandbuch und beschränkt sich daher auf apparativ unaufwendige Meßmethoden. Im wesentlichen werden Spektralphotometrie, Titrimetrie und der Einsatz von ionensensitiven Elektroden vorgestellt. Mit deren Umgang und Anwendung auf Probleme der Wasseruntersuchung wird der Leser in Form von insgesamt acht Einzelversuchen im ersten Teil (Kapitel 2) konfrontiert. Zwei Versuche behandeln dabei statistische Probleme der Wasseranalytik. Im zweiten Teil (Kapitel 3) werden wichtige geochemische Kenngrößen (Ionenaktivitätsprodukt, Aktivitätskoeffizient und Säurekonstante) diskutiert und experimentell bestimmt. Der dritte Teil (Kapitel 4) besteht aus der Untersuchung komplexer Fragestellungen (Kalk-Kohlensäure-Gleichgewicht, Sauerstoffhaushalt). Kapitel 5 schließlich beinhaltet ein Glossar, in dem der eilige Leser die wichtigsten Begriffe erklärt findet. Alle Versuche und Experimente wurden in Praktika im Rahmen der Ausbildung von Studierenden der Geoökologie über mehrere Jahre erprobt und optimiert und sollten dementsprechend zuverlässig sein.

Bei den einzelnen Kapiteln befindet sich ein Literaturverweis, der sich speziell mit der jeweiligen Problemstellung auseinandersetzt. Nachfolgend ist daher ein Überblick über weiterführende Literatur aus verschiedenen Teilgebieten der aquatischen Geochemie sowie zur Wasseranalytik gegeben.

Weiterführende Literatur

Bodenchemie

Bohn, H. L.; MacNeal, B. L.; O'Connor, G. A. *Soil Chemistry.* New York (Wiley) 1985.

Lindsay, W. L. *Chemical Equilibria in Soils.* New York (Wiley) 1979.

MacBride, M. B. *Environmental Chemistry of Soils.* New York (Oxford Univ. Press) 1994.

Sparks, D. L. *Soil Physical Chemistry.* Boca Raton (CRC Press) 1990.

Sparks, D. L. *Kinetics of Soil Chemical Processes.* San Diego (Academic Press) 1989.

Sposito, G. *Chemical Equilibria and Kinetics in Soils.* New York (Oxford Univ. Press) 1994.

Sposito, G. *The Surface Chemistry of Soils.* New York (Oxford Univ. Press) 1984.

Geochemie

Berner, R. A. *Principles of Chemical Sedimentology.* New York (McGraw-Hill) 1971.

Lerman, A. *Geochemical processes – Water and Sediment Environments.* Malabar (Krieger) 1988.

Nordstrom, D. K.; Munoz, J. L. *Geochemical Thermodynamics.* Boston (Blackwell) 1994.

Hydrochemie

Bliefert, C. *pH-Wert-Berechnungen.* Weinheim (VCH) 1978.
Buffle, J. *Complexation Reactions in Aquatic Systems.* Chichester (Ellis Horwood) 1988.
Morel, F. M.; Hering, J. G. *Principles and Applications of Aquatic Chemistry.* New York (Wiley) 1993.
Pankow, J. F. *Aquatic Chemistry Concepts.* Chelsea (Lewis Publ.) 1991
Sigg, L.; Stumm, W. *Aquatische Chemie.* Zürich (Verlag der Fachvereine) 1994.
Sontheimer, H.; Spindler, P.; Rohmann, U. *Wasserchemie für Ingenieure.* (DFGW-Forschungsstelle im Engler-Bunte-Institut der Universität Karlsruhe) 1980.
Stumm, W. (Hrsg.) *Aquatic Surface Chemistry.* New York (John Wiley and Sons) 1987.
Stumm, W. (Hrsg.) *Aquatic Chemical Kinetics.* (Wiley) 1990.
Stumm, W.; Morgan, J. J. *Aquatic Chemistry.* New York (John Wiley and Sons) 1996.
Stumm, W. *Chemistry of the Solid Water Interface.* New York (John Wiley and Sons) 1992.

Hydrogeologie

Back, W.; Freeze, R. A. *Chemical Hydrogeology.* Stroudsburg (Hutchinson Ross) 1983.
Chapelle, F. H. *Ground-Water Microbiology and Geochemistry.* New York (Wiley) 1993.
Drever, J. I. *The Geochemistry of Natural Waters.* Englewood Cliffs (Prentice-Hall) 1982.
Matthess, G. *Die Beschaffenheit des Grundwassers.* Berlin (Gebrüder Borntraeger) 1990.
Ward, C. H. *Ground Water Quality.* New York (Wiley) 1985.

Limnologie

Lerman, A.; Chou, L. *Physics and Chemistry of Lakes.* New York (Springer) 1995.
Stumm, W. (Hrsg.) *Chemical Processes in Lakes.* New York (Wiley) 1985.

Umweltchemie

Schwarzenbach, R. P.; Gschwend, P. M.; Imboden, D. M. *Environmental Organic Chemistry.* New York (John Wiley and Sons) 1993.

Wasseranalytik

Fresenius, W.; Quentin, K. E.; Schneider, W. *Water Analysis – a Practical Guide to Physico-Chemical, Chemical and Microbiological Water Examination and Quality Assurance.* New York (Springer) 1988.

Frevert, T. *Hydrochemisches Grundpraktikum.* Stuttgart, (UTB) 1983.

Höll, K. *Wasser.* Berlin (de Gruyter) 1986.

Hellmann, H. *Analytik von Oberflächengewässern.* Stuttgart (Thieme) 1986.

Hütter, L. A. *Wasser und Wasseruntersuchung: Methodik, Theorie und Praxis chemischer, chemisch-physikalischer, biologischer und bakteriologischer Untersuchungsverfahren.* Frankfurt/Main (Salle) 1994.

Kunze, U. R. *Grundlagen der quantitativen Analyse.* Stuttgart (Thieme) 1990.

Rump, H. H.; Krist, H. *Laborhandbuch für die Untersuchung von Wasser, Abwasser und Boden.* Weinheim (VCH) 1987.

2. Einführung in Meßmethoden

2.1 Photometrische Meßmethoden

Prinzip

Photometrische Meßmethoden werden in der Wasseranalytik häufig zur Bestimmung der **Konzentrationen** von organischen und anorganischen Wasserinhaltsstoffen eingesetzt. Der zu untersuchende Inhaltsstoff wird hierzu mit einem farbgebenden und möglichst selektiven Reagenz in eine farbige Verbindung überführt. Die Farbintensität der Reaktionslösung, die sich proportional zur Konzentration und zur Schichtdicke (Küvettendurchmesser) verhält, kann durch den Vergleich mit Lösungen bekannter Konzentrationen oder photometrisch als **Absorption** gemessen werden.

Absorptionsmessung mit Spektralphotometer

Ist der vollständige Umsatz des Wasserinhaltsstoffes mit den Farbreagenzien erfolgt, wird ein möglichst monochromatischer Lichtstrahl (einstellbar in nm) durch die gefärbte Untersuchungslösung geschickt, dessen Wellenlänge sich komplementär zur erzeugten Farbe verhält. Die Abschwächung dieses Lichtes wird als Lichtabsorption A gemessen. Dabei ist die Absorption definiert als negativer dekadischer Logarithmus der **Transmission** T, also durch das Verhältnis der Intensitäten von ausfallendem zu einfallendem Lichtstrahl (Lambertsches Gesetz).

$$T = \frac{I(ex)}{I(in)}$$

A ist proportional zur Schichtdicke s der Lösung. Für A folgt dann

$$A = -\lg(T) = \lg \frac{I(in)}{I(ex)} \sim s \qquad (2.1)$$

I(in): Intensität des einfallenden Lichts
I(ex): Intensität des austretenden Lichts

Weiterhin hängt die Absorption von der Wellenlänge und der Natur des Absorbers ab. In einem Gemisch, das einen absorbierenden Stoff enthält, ist A proportional zu dessen Konzentration (Beersches Gesetz):

$$A = \varepsilon \times c \qquad (2.2)$$

ε: molarer Absorptionskoeffizient

Gleichung 2.1 kombiniert mit Gleichung 2.2 liefert das **Lambert-Beersche Gesetz**:

$$A = \varepsilon \times c \times s$$

c: Konzentration [$mol \times L^{-1}$]
s: Schichtdicke (Küvettendurchmesser) [cm]
ε: Absorptionskoeffizient

Die Konzentration für s = 1 cm errechnet sich dann als:

$$c = A \times 1/\varepsilon$$

Auswertung

Die unbekannte Konzentration ergibt sich durch Aufstellen einer linearen Eichfunktion (Regressionsgerade) $y = a_0 + a_1 \times x$ und durch Einsetzen des zur Probe gehörigen Absorptionswertes.

Ansatz der Reaktionslösungen zur Bildung des Farbkomplexes

Der Ansatz erfolgt nach jeweiliger Vorschrift unter Verwendung von Vollpipetten für das Untersuchungswasser und von Meßpipetten für die Reagenzien. Nach jeder Reagenzienzugabe ist die Probe gut zu durchmischen! Zur Vermeidung von Verschleppungseffekten sollten beim Pipettieren von Probenwasser immer diejenigen Proben zuerst angesetzt werden, in denen eine niedrige Konzentration zu erwarten ist. Die Pipetten sind mit der jeweiligen Lösung vorzuspülen!

Beispiel: In verschiedenen Proben aus einem sauberen Fließgewässer und aus einem Abwasser ist der Ammoniumgehalt zu bestimmen. Welche Proben setzen Sie zuerst an?

Reagenzienblindwert

Farbreagenzien besitzen oft eine Eigenfärbung oder tragen Verunreinigungen in die Probe ein. Es muß deshalb ein Blindwertansatz (bidestilliertes Wasser versetzt mit entsprechenden Mengen an Farbreagenz) mitgemessen werden. Die Absorption des Blindwertes ist von derjenigen der Probe abzuziehen, was im allgemeinen apparativ geschieht: In Zweistrahl-**Spektralphotometern** wird die Absorption der Probe und die Absorption des im Gerät bleibenden Blindwertes gemessen und die Differenz angezeigt. Im Einstrahlgerät wird das Signal des Blindwertes gleich null gesetzt und die Absorption der Probe immer auf den Nullwert bezogen.

Hohe Eigenfärbung der Probe

Zeigt die Probe bei der gewünschten Wellenlänge eine hohe Eigenabsorption, so ist jede Probe mit und ohne farbenbildende Komponente, aber mit allen übrigen Reagenzien, gegen den Blindwert zu messen und daraus die Differenz zu bilden.

Vor der Anwendung einer kolorimetrischen Methode sind folgende Voruntersuchungen erforderlich:

- Die Ermittlung der für die Photometrie günstigsten Wellenlänge (nm);
- die Ermittlung der Farbentwicklungszeit und der Stabilität des Farbkomplexes;
- die Überprüfung der Gültigkeit des Lambert-Beerschen Gesetzes (d. h. lineare Eichfunktion im zu messenden Konzentrationsbereich);
- die Untersuchung von Störfaktoren (Trübungen, Braunwässer, hohe Salinität, störende andere Ionen).

Diese Voruntersuchungen sind in der Regel nur dann notwendig, wenn

- neue Methoden erarbeitet werden;

- alte Methoden in Matrices (d. h. der Grundzusammensetzung der Wasserinhaltsstoffe) angewendet werden sollen, für die diese Methode nicht optimiert wurde (z. B. Methoden zur Trinkwasseruntersuchung, die auf Deponiesickerwasser angewendet werden sollen).

Photometrische Methoden sind im allgemeinen ähnlich präzise durchführbar wie titrimetrische. Sie sind besonders dort günstig anzuwenden, wo die Konzentrationen der gesuchten Inhaltsstoffe eine titrimetrische Methode unmöglich machen. Eine Aussage über die **Aktivität** eines photometrisch bestimmten Ions kann nicht getroffen werden.

Versuch 1: Erstellen einer Verdünnungsreihe einer Kaliumpermanganatlösung und deren spektralphotometrische Bestimmung

Aufgaben

1. Mit einer 0,1-molaren Kaliumpermanganatlösung soll eine Eichreihe im Konzentrationsbereich von $1{,}00 \times 10^{-4}$ bis $5{,}00 \times 10^{-6}$ mol L^{-1} aufgenommen werden (5 Eichpunkte). Die am Photometer einzustellende Wellenlänge beträgt 527 nm.
2. Bestimmen Sie die unbekannte Konzentration einer Ihnen ausgehändigten Kaliumpermanganatlösung über eine Regressiongerade Abs. = $a_0 + a_1 \times c\ (MnO_4)$.

Durchführung

Man überlege sich zunächst, welche Endkonzentrationen eines Standards man haben will, z. B.
$1{,}00 \times 10^{-4}$ mol L^{-1}; $5{,}00 \times 10^{-5}$ mol L^{-1};
$2{,}00 \times 10^{-5}$ mol L^{-1}; $1{,}00 \times 10^{-5}$ mol L^{-1};
$5{,}00 \times 10^{-6}$ mol L^{-1}.

Um die Verdünnungen herzustellen, muß man einen Kompromiß zwischen zwei Arten von Fehlermöglichkeiten schließen:

- Fehler durch Ablese- und Dosierungsungenauigkeiten bei kleinvolumigen Glasgeräten;

- Fehlerfortpflanzung durch zu viele Verdünnungsstufen.

Die Verdünnung wird am genauesten mit möglichst wenigen Verdünnungsschritten, aber ausreichend großen Volumina der Dosiergeräte. Als Verdünnungsgefäße werden im allgemeinen Meßkolben, als Dosiergeräte Glaspipetten verschiedener Ausführung verwendet. Bei den Pipetten ist zu unterscheiden, ob sie auslaufgeeicht sind oder nicht.

Die eigentlichen Eichkonzentrationen sollten möglichst von einer Zwischenverdünnung hergestellt werden, um unterschiedliche Fehlerfortpflanzungen zu vermeiden.

Beispiel:

Ausgangsstandard = Stammlösung $1{,}00 \times 10^{-1}$ mol $\times$ L^{-1}
Verdünnungsschritt:
1,00 ml der Stammlösung auf 100,00 ml $\rightarrow$ $1{,}00 \times 10^{-3}$ mol L^{-1}

Tabelle 2.1:

Zwischenverdünnung	Eichkonzentrationen	Verdünnung (z. B.)
$1{,}00 \times 10^{-3}$ mol $\times$ L^{-1}	$1{,}00 \times 10^{-4}$ mol $\times L^{-1}$	10 auf 100
	$5{,}00 \times 10^{-5}$ mol $\times$ L^{-1}	5 auf 100
	$2{,}00 \times 10^{-5}$ mol $\times$ L^{-1}	2 auf 100
	$1{,}00 \times 10^{-5}$ mol $\times$ L^{-1}	1 auf 100
	$5{,}00 \times 10^{-6}$ mol $\times$ L^{-1}	0,5 auf 100

2.2 Potentiometrische pH-Wert-Messung

2.2.1 Der pH-Wert-Begriff

Wasser als Lösungsmittel ist amphoter, d. h. es zeigt sowohl sauren als auch basischen Charakter.

$$H_2O + H_2O \rightarrow H_3O^+ + OH^-$$

$$K = \frac{a(H_3O^+) \times a(OH^-)}{a(H_2O)^2} \qquad (2.3)$$

$$K^{25\,°C} = 10^{-17,486}$$

1 Liter H_2O enthält 55,5 mol × L^{-1} H_2O (= Aktivität von Wasser). Demgegenüber sind sowohl $a(H_3O^+)$ als auch $a(OH^-)$ sehr klein, nämlich stets < 1 mol × L^{-1}. Daher kann die Aktivität von Wasser als konstant angesehen werden. Mit der Definition des **Ionenprodukts** von Wasser

$$K_W = a(H_3O^+) \times a(OH^-)$$

folgt unter Berücksichtigung von Gleichung 2.3:

$$K_W = 10^{-17,486} \times (55,5)^2$$

bzw.:

$$pK_W = pH + pOH = 14,006 \qquad (2.4)$$

mit:

$$pH = -\lg a(H_3O^+) \text{ und } pOH = -\lg a(OH^-)$$

pH = 7; pOH = 7 → neutral
pH < 7; pOH > 7 → sauer
pH > 7; pOH < 7 → basisch

Zur Charakterisierung des Säuregrades einer Lösung wird im allgemeinen der pH-Wert herangezogen.

Da neben H_3O^+ auch andere Protonendonatoren und neben OH^- auch andere Protonenakzeptoren auftreten können, sagt der pH-Wert lediglich aus, mit welcher Intensität gegenüber dem Lösungsmittel H_2O Protonierungs- und Deprotonierungsreaktionen stattfinden, nichts aber über die Konzentration an Protonendonatoren bzw. Protonenakzeptoren. Der pH-Wert wird daher wie die Temperatur als intensive Größe bezeichnet. Unter diesem Aspekt wird er eine Kenngröße, die alle hydrochemischen oder biochemischen Umsetzungen beeinflußt, bei denen ein Protonenaustausch stattfindet. Man unterscheidet ökochemisch zwei **pH-Effekte**:

a) Allgemeiner oder direkter pH-Effekt:
Das betreffende System ist sensitiv gegenüber Änderungen von $a(H_3O^+)$ bzw. $a(OH^-)$.

b) Spezifischer oder indirekter pH-Effekt:
Das System ist sensitiv gegenüber gelösten Molekülspezies, deren Vorkommen in wässriger Lösung pH-abhängig ist (Beispiele: HCN/CN^-; NH_4^+/NH_3; H_2S/HS^- usw.).

2.2.2 pH-Wert-Meßtechnik

Grundprinzip

Grundprinzip der pH-Meßtechnik ist die Messung der Elektromotorischen Kraft (EMK, meist in der Einheit mV) zwischen der protonen-sensitiven **Glaselektrode** und einer **Referenzhalbkette**; beide zusammen werden als **Meßkette** bezeichnet. Die Potentialdifferenz der Glaselektrode stellt sich an der Glasmembran ein und ist von der pH-Wert-Differenz zwischen einer Lösung im Innern der Elektrode und der Außenlösung (Untersuchungswasser) abhängig. Das Potential der Referenzhalbkette (gewöhnlich Ag/AgCl in 3 M KCl) bleibt konstant. Die Potentialdifferenz der Meßkette wird mit empfindlichen **Potentiometern** (Meßverstärkern) mit sehr hohen Eingangswiderständen (gewöhnlich >> 10^{12} Ohm) gemessen. Dies ist nötig, da die Glasmembran der pH-Elektrode bereits einen sehr hohen Widerstand von 10^{12} Ohm besitzt und somit sehr empfindlich für jede Form von Störströmen ist.

Aufbau

Abbildung 2.1 zeigt die zur **pH-Messung** meist verwendete Einstabmeßkette. In ihr sind Glas- und Referenzhalbkette zu einer Elektrode kombiniert (*combined electrode*). Charakteristisch für die Glashalbkette ist der Hohlraum, den die protonen-sensitive Membran umschließt und in dem sich ein Elektrolyt befindet, in den die Ableitelektrode eintaucht. Dieser Elektrolyt besteht im allgemeinen aus einem pH-7-Puffer sowie einer 3molaren KCl-Lösung.

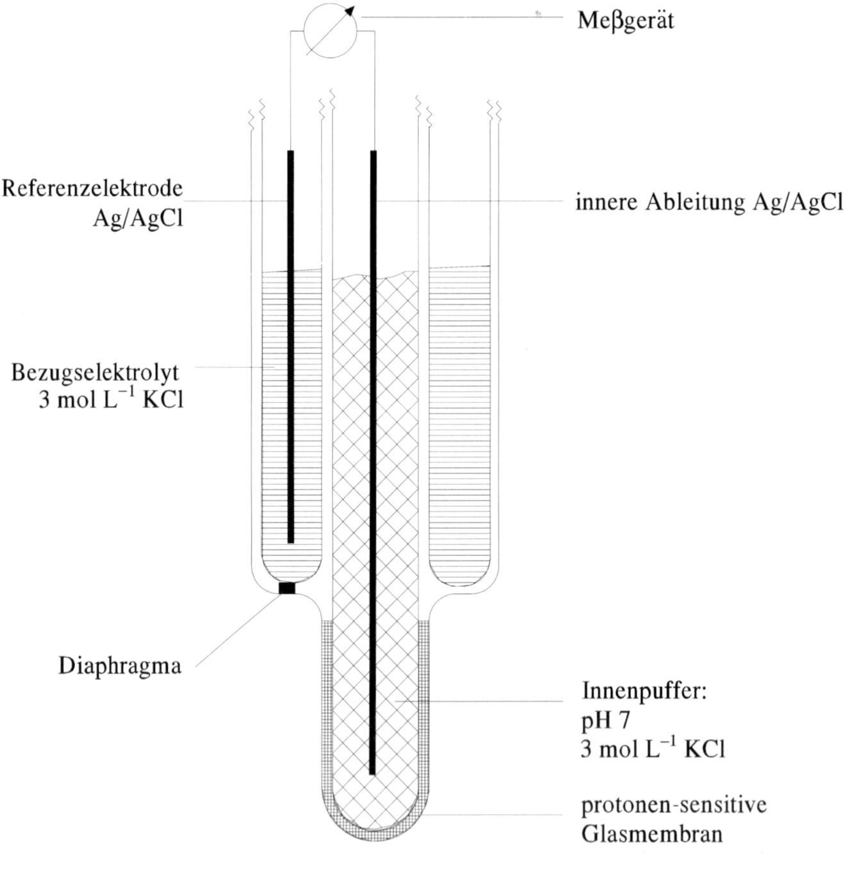

2.1 Aufbau einer pH-Einstabmeßkette.

Manche Meßprobleme sind allerdings nur zu lösen, indem getrennte Halbketten (verbunden über Meßlösung und Potentiometer) verwendet werden (z. B. bei pH-Messung in stark belasteten Abwässern und elektrolytarmen Niederschlagswässern).

Glaselektrode. Die Glasmembran ist aus einem dreidimensionalen Gerüst von Silizium- und Sauerstoffatomen aufgebaut. In diesem Netzwerk sind die Zwischenräume durch Alkaliionen (Me) besetzt. Bei Kontakt mit einer wäßrigen Lösung läuft folgender Prozeß ab:

$$-\text{Si-O-Me} + H_2O \rightarrow -\text{Si-OH} + \text{MeOH}$$

Dieser Vorgang wird Quellung oder Sensitivierung der Glasmembran genannt. Die Ausbildung dieser Quellschicht ist von zentraler Bedeutung für die Funktion der **Glaselektrode**. Vor dem Einsatz sollte die Elektrode deshalb zwei Tage gewässert werden.

Für die Ausbildung des Glashalbkettenpotentials sind zwei Phasengrenzspannungen verantwortlich, die zum einen an der Phasengrenze Meßlösung/äußere Quellschicht, zum anderen an der Phasengrenze innere Quellschicht/Innenelektrolyt der Elektrode aufgebaut werden. Die Phasengrenzspannungen lassen sich mit Hilfe der **Nernstschen Gleichung** angeben. Auf eine Herleitung wird hier verzichtet.

Die Ausbildung einer konzentrationsabhängigen Spannung beruht auf dem Austausch von H^+-Ionen zwischen den Quellschichten und den angrenzenden Lösungen. Das Gleichgewicht an den Phasengrenzen ist erreicht, wenn pro Zeiteinheit der Übertritt von H^+-Ionen in beide Richtungen gleich groß ist. Die Membranspannung ist dann gleich der Differenz beider Phasengrenzspannungen.

Zudem wird angenommen, daß die Aktivitäten der OH-Gruppen in beiden Quellschichten der Membran gleich sind.

Somit läßt sich die Gleichung für die Membranspannung wie folgt formulieren:

$$E_{\text{Membran}} = \frac{2{,}3 \times R \times T}{F}(pH_I - pH_L) = S \times (pH_I - pH_L) \qquad (2.5)$$

pH_I: pH-Wert des Innenelektrolyten der Glaselektrode
pH_L: pH-Wert der Meßlösung
R: universelle Gaskonstante ($8{,}314\ J \times mol^{-1} \times K^{-1}$)
T: absolute Temperatur in Kelvin
F: Faraday-Konstante ($96485\ C \times mol^{-1}$)
S: Elektrodensteilheit $= 2{,}3 \times R \times T \times F^{-1} = 58{,}16$ mV/pH-Einheit bei 20 °C

pH_I wird dabei auch als der pH-Wert des Meßkettennullpunktes bezeichnet und liegt in der Regel um pH 7 (siehe S. 27).

Zwei Probleme wurden bislang ausgeklammert:

- Wie erfolgt der erforderliche Ladungstransfer durch die Glasmembran?

- Wie kann die sich ausbildende Membranspannung an ein Meßgerät abgeleitet werden?

Der zur Aufrechterhaltung des geschlossenen Stromkreises notwendige Ladungstransport durch die Glasmembran erfolgt nicht, wie gelegentlich geäußert, durch Protonentransport im Glas, sondern wird durch die Alkaliionen der amorphen Glasstruktur besorgt. Dies wurde durch Auslaugungsversuche von Glasoberflächen bei verschiedenen pH-Werten (Baucke, 1985) festgestellt. Der genaue Mechanismus des Alkaliionentransports in der Glasstruktur ist dabei noch nicht bekannt.

Die bei pH-Wert-Unterschieden zwischen Meßlösung und Innenelektrolyten auftretende Membranspannung kann generell nur über zwei Ableitelektroden gemessen werden, die sich zu beiden Seiten der Glasmembran befinden müssen. Auf der Seite der Meßlösung übernimmt dies die Bezugselektrode oder Referenzhalbkette (siehe unten), auf der Glasmembran-Innenseite die sogenannte Ableitelektrode. Als Ableitelektrode für die Glashalbkette wird (wie bei der Referenzhalbkette) ein Silberdraht mit AgCl-Beschichtung verwendet, der ohne Überführung in den Innenelektrolyten taucht. Zur Stabilisierung der Ableitelektrode muß das zur Elektrode zweiter Art gehörige Anion im Innenpuffer in ausreichender Konzentration vorhanden sein. Meist wird entsprechend der verwendeten Referenzelektrode eine definierte Menge Kaliumchlorid hinzugefügt.

Das Gesamtpotential der Glashalbkette ergibt sich also zu:

$$E_{Glas} = E_{Membran} + E_{Ag/AgCl}$$

$$= E_{Membran} + E' - \frac{2{,}3 \times R \times T}{F} \lg a(Cl^-) \qquad (2.6)$$

$$E' = E^{\circ}_{Ag/Ag^+} + (2{,}3 \times R \times T / F) \lg K_{sp(AgCl)} \qquad (2.7)$$

E°_{Ag/Ag^+}: Standardnormalpotential der Halbreaktion $Ag \leftrightarrow Ag^+ + e^-$ (0,799 V bei 25 °C)
$K_{sp(AgCl)}$: Löslichkeitsprodukt für AgCl: $10^{-9{,}77}$ $mol^2 \times L^{-2}$

Referenzhalbkette. Die meistverwendeten Bezugselektrodensysteme sind die Ag/AgCl- und die Kalomelelektrode (Hg/Hg_2Cl_2). Ihre konstanten Potentiale werden durch die Chloridionenaktivität des Bezugselektrolyten bestimmt. Meist wird dem Elektrolyten noch ein

Salz beigemengt, das das Kation des Elektrodenmetalls enthält (z. B. $AgNO_3$). Für die Ag/AgCl-Elektrode läßt sich formulieren:

$$E_{Referenz} = E' - \frac{2{,}3 \times R \times T}{F} \times \lg a(Cl^-) + E_{Diff} \qquad (2.8)$$

E′: wie bei Gleichung 2.7

Bei Halbketten mit Diaphragmen (allgemein: Meßketten mit Überführung) addieren sich zum **Elektrodenpotential** sogenannte **Diffusionsspannungen** (E_{Diff}). Diese entstehen aufgrund unterschiedlicher Wanderungsgeschwindigkeiten von Kat- und Anionen zwischen Innenelektrolyt und Außenlösung am Diaphragma.

Die EMK der gesamten Meßkette ergibt sich zu:

$$EMK = E_{Glas} - E_{Referenz} + E_{Diff} \qquad (2.9)$$

Da Gleichung 2.8 identisch sein sollte mit dem rechten Summanden der Gleichung 2.6, folgt:

$$EMK = E_{Membran} + E_{Diff}$$

Meßkettennullpunkt – Asymmetriespannung

Der Nullpunkt einer Meßkette ist identisch mit dem pH-Wert, bei welchem die Kettenspannung null ist. Theoretisch ist dieser Punkt dann erreicht, wenn eine ideal symmetrische Meßkette in eine Lösung taucht, die identisch mit dem Innenelektrolyten der Glashalbkette ist. Deren pH-Wert ist bei den handelsüblichen Meßketten auf 7 gepuffert.

Tatsächlich treten dabei aber Potentialdifferenzen auf, welche als Asymmetriespannungen bezeichnet werden, so daß der tatsächliche **Meßkettennullpunkt** nicht bei pH 7 liegt. Das Asymmetriepotential bezeichnet also die EMK einer Meßkette bei pH 7:

$$E_{Asymm.} = EMK_{Lsg} - S \times (7 - pH_{Lsg}) \qquad (2.10)$$

Gründe für die Entstehung der Asymmetriespannung sind u. a. ein fertigungstechnischer Unterschied zwischen beiden Seiten der Glasmembran und/oder nicht identische Ableitsysteme bei Glas- und Referenzhalbketten. Insbesondere kann eine Veränderung der Cl^--Ionenaktivität im Innenelektrolyten der Referenzhalbkette zu einer starken Verschiebung des Elektrodennullpunktes führen. Auch die Diffusionsspannung an der Referenzhalbkette muß bei Messung in sehr elektrolytarmen Proben der Asymmetriespannung hinzuaddiert werden. Es ist daher schwierig, pH-Meßketten mit einem genau definierten und reproduzierbaren Nullpunkt herzustellen. Meist liegt die Reproduzierbarkeit innerhalb ± 0,2 pH-Einheiten. Das Meßgerät muß aus diesem Grunde der jeweiligen Meßkette angepaßt werden (Nullpunktsabgleich). Da sich der Nullpunkt ändern kann, ist eine periodische Kontrolle unumgänglich. Die Periodenlänge zur Rekalibrierung hängt auch von der Probenmatrix und der Meßdauer ab. Sie schwankt zwischen wenigen Tagen bis zu mehreren Wochen. Tatsächlich sind Steilheitsänderungen in der Praxis gering, während Nullpunktdriften größere Sorgen bereiten.

Temperatureinfluß und Isothermenschnittpunkt

Der **Temperatureinfluß** auf die pH-Wert-Messung läßt sich in einen theoretischen und einen empirischen Anteil aufgliedern. Zum einen ist die **Steilheit** einer pH-Halbkette (Steigung der pH/EMK-Kennlinie) temperaturabhängig. Dies folgt direkt aus der theoretischen Ableitung des Potentials der Glashalbkette. In der Regel wird diese Abhängigkeit als einziger Temperatureinfluß von den Geräteherstellern bei der manuell einstellbaren Temperaturkompensation berücksichtigt. Zum anderen sind auch die Asymmetriespannung und das Diffusionspotential der Referenzhalbkette temperaturabhängig. Diese Einflußgrößen können nur empirisch ermittelt werden.

Unter Vernachlässigung kleinerer Teilspannungen, die z. T. an den Lötstellen der Ableitsysteme entstehen, läßt sich die Temperaturabhängigkeit des Potentials einer Glasmeßkette folgendermaßen formulieren:

$$\begin{aligned} \mathrm{EMK} = & -E'_{\mathrm{Referenz}}\,(1+\delta\times T) + E'_{\mathrm{Ableit}}\times(1+\gamma\times T) \\ & + E_{\mathrm{Asymm.}}\times(1+\beta\times T) + S\times(1+\alpha\times T) \\ & \times(\mathrm{pH_I}-\mathrm{pH_L}) \end{aligned} \tag{2.11}$$

E': siehe S. 26
E_{Asymm}: Asymmetriespannung
S: Steilheit der Glaselektrode
$\alpha,\beta,\gamma,\delta$: empirische Temperaturkoeffizienten
T: Temperatur in °C

Als **Isothermenschnittpunkt** bezeichnet man den Schnittpunkt zweier Eichgeraden (pH versus EMK), welche bei verschiedenen Temperaturen aufgenommen worden sind. Zu seiner Charakterisierung sind pH-Wert und Spannung notwendig. Meist liegt der Isothermenschnittpunkt in der Nähe des Elektrodennullpunktes. Aus Gleichung 2.11 können die Koordinaten des Isothermenschnittpunktes nach Differentiation theoretisch berechnet werden.

In der Praxis sind für eine Meßkette obige Temperaturkoeffizienten meist nicht bekannt, so daß für genaue Messungen der Isothermenschnittpunkt experimentell bestimmt werden muß. Die Spannung des Isothermenschnittpunktes E_{iso} ist auch nur dann konstant, wenn die Temperaturkoeffizienten von Referenz- und Ableitelektrode und die Standardspannungen E' übereinstimmen. Bei Messungen mit automatischer Temperaturkompensation ist die Lage des Isothermenschnittpunktes äußerst wichtig. Genaue und zuverlässige Messungen sind nur gewährleistet, wenn das pH-Meßgerät auf den Isothermenschnittpunkt der Meßkette entsprechend der Gleichung 2.12 eingestellt werden kann (man vergleiche die Analogie zu Gleichung 2.10).

$$EMK = E_{iso} + S \times (pH_{iso} - pH_{Lsg}) \qquad (2.12)$$

Bei konventionellen pH-Metern ist dies in der Regel nicht der Fall. Bei der temperaturabhängigen Steilheitskorrektur wird die Kennlinie der Meßkette um das Asymmetriepotential und nicht um den Isothermenschnittpunkt gedreht. Daher ist eine automatische Temperaturkompensation bei einer unsymmetrischen Meßkette von vornherein mit einem Fehler behaftet. Am einfachsten wäre die Eichung bei der jeweiligen Meßtemperatur. Dies ist jedoch bei Messungen entlang von Temperaturgradienten (z. B. bei geschichteten Seen) nicht möglich.

Zusammenfassend ist bei der pH-Messung mit Glaselektroden folgendes zu beachten:

- In stark sauren ($pH < 2$) und alkalischen ($pH > 10$) Bereichen ist die Messung meßkettentechnisch ungenau (Säure- bzw. Alkalifehler).

- Werden Proben mit sehr unterschiedlichem pH-Wert nacheinander gemessen, ist die Elektrode gut zu spülen oder sogar längere Zeit in destilliertem Wasser zu wässern (Nachwirkung). Der pH-Wert ist erst dann abzulesen, wenn ein konstanter Wert erreicht ist. Die Einstellung erfolgt oft langsam.

- Glaselektroden altern (Glas ist thermodynamisch instabil) und ergeben dann falsche Werte. Sie müssen deshalb nachgeeicht werden. Sämtliche Störungen treten verstärkt in schwach säure-base-gepufferten Wässern auf.

- Fast immer entsteht der größte Fehler bei pH-Messungen durch Änderungen von E_{Diff} bzw. Störungen am Diaphragma der Referenzhalbkette. Eine Änderung von E_{Diff} muß sorgfältig genug berücksichtigt werden. Sie wird umso wirksamer, je unterschiedlicher die Ionenzusammensetzung und/oder die **Ionenstärke** der Meßlösung gegenüber den pH-Pufferlösungen ist. In sehr ionenarmen Medien (z. B. Regenwasser) verwendet man daher Schliffdiaphragmen, die E_{Diff} durch erhöhten Elektrolytdurchfluß (3 M KCl) stabilisieren. Man riskiert jedoch dabei eine Kontamination der Probe. Bei Anwendung von Stoffen, die mit dem Elektrolyten der Referenzhalbkette reagieren (z. B. H_2S, Sulfide), muß eine Inertelektrolytbrücke mit zusätzlichem Diaphragma und schwermetallfreiem Hilfselektrolyt zwischen Referenzhalbkette und Meßlösung zwischengeschaltet werden.

- Standard-Glaselektroden können nicht in Lösungen verwendet werden, die in höheren Konzentrationen Öle, Fette, Proteine oder HF bzw. H_2F_2 ($> 10^{-5}$ M) enthalten.

- Für Messungen bei unterschiedlichen Temperaturen empfiehlt es sich, die pH/EMK-Isothermen bei jeweils diesen Temperaturen aufzunehmen und nach Messung der EMK und Temperatur in den Wasserproben den pH-Wert der Lösung aus der Eichgeraden pH versus EMK abzulesen.

2.2.3 Literatur

Bücher

Galster, H. *pH-Messung.* Weinheim (VCH) 1990.

Nebe, E. *Die kleine pH/mV-Fibel.* Weilheim (WTW-Selbstverlag) 1982.

Zeitschriften

Baucke, F. G. K. *The Glass Electrode – Applied Electrochemistry of Glass Surfaces.* In: *J. of Non-Crystalline Solids* 73, 1985, S. 215–231.

Putzien, J. *Präzise pH-Messung im Trinkwasser.* In: *Z. Wasser-Abwasser-Forsch.* 21, 1988, S. 1–6.

Versuch 2: Bestimmung des Isothermenschnittpunktes einer pH-Meßkette

Aufgaben

1. Konventionelle Eichung einer pH-Meßkette und Messung der Temperatur.
2. Bestimmung des Isothermenschnittpunktes einer pH-Meßkette (die Meßgenauigkeit muß hierbei 0,1 mV betragen).
3. Bestimmung des pH-Wertes einer Kaliumphthalatpufferlösung.

Durchführung

Geräte und Reagenzien (für Aufgaben 1 und 2)

- 1 pH/mV-Meßgerät mit einer Ablesegenauigkeit von 0,1 mV
- 1 pH-Elektrode
- 1 Temperaturfühler
- 1 thermostatierbares Meßgefäß
- 1 Thermostat
- 1 Magnetrührer
- Pufferlösungen (pH 2, 4, 5, 7, 8)
- Pufferlösung, bestehend aus 0,05-molarem Kaliumhydrogenphthalat

Aufgabe 1

Die Eichung des Gerätes erfolgt bei pH 4, 7 und 9 (Raumtemperatur). Wenn kein Temperaturfühler vorhanden ist, wird am Temperaturschalter die Temperatur der Pufferlösungen eingestellt. Während die Elektrode (und der Temperaturfühler) in Puffer pH 7 eintauchen, wird bei konstanter Meßwertanzeige mit dem pH-Stellrad die Anzeige auf 7,00 eingestellt. Im mV-Anzeigemodus läßt sich jetzt das Asymmetriepotential ablesen.

Anschließend wird die Elektrode gründlich mit deionisiertem Wasser abgespült (trockentupfen!) und in pH 4-Pufferlösung getaucht (mit Temperaturfühler). Der Anzeigewert des pH-Meters muß jetzt mittels mV/pH-Stellschraube auf pH 4,00 eingestellt werden (Steilheitseinstellung). Die Steilheitseinstellung sollte bei Puffer 9,00 überprüft und bei Abweichungen korrigiert werden. Auch die mV-Werte sind jeweils abzulesen. Die Elektrodensteilheit ergibt sich für das Meßgerät als

$$S = \frac{\Delta EMK_{7,4}}{\Delta pH} \tag{2.13}$$

Aufgabe 2

Es werden drei Isothermen (293 K, 313 K, 333 K) mit jeweils 5 Pufferlösungen (pH 2, pH 4, pH 5, pH 7, pH 9) aufgenommen. Da EMK-Werte gemessen werden sollen, muß der Wahlschalter auf mV stehen. Die realen pH-Werte der Pufferlösungen in Abhängigkeit der Meßtemperaturen sind in Tabelle 2.2 angegeben (man überlege sich, weshalb die pH-Werte der Pufferlösungen von der Temperatur abhängen!).

Tabelle 2.2: Theoretische pH-Werte der Pufferlösungen Abhängigkeit von der Temperatur

T (K)	pH 2	pH 4	pH 5	pH 7	pH 9
293	2,00	4,00	5,00	7,00	9,00
313	2,00	4,01	5,00	6,95	8,85
333	2,00	4,00	5,04	6,96	8,73

Die Temperaturen der Pufferlösungen werden mit dem am Platz aufgebauten Thermostaten eingestellt.

Aufgabe 3

Gleichzeitig werden bei den entsprechenden Temperaturen in einem Kaliumhydrogenphthalatpuffer (0,05 mol $\times$ kg^{-1} Kaliumhydrogenphthalat) sowohl die EMK als auch der pH-Wert gemessen. Zur pH-Messung muß ein Temperaturfühler verwendet werden.

Diskussion

1. Bestimmen Sie die Koordinaten des Isothermenschnittpunktes der Meßkette durch Auftragen aller Isothermen (Regression mV gegen realen pH-Wert) auf Millimeterpapier. Die Isothermen schneiden sich nur im Idealfall in einem Punkt, insofern verwende man den Mittelwert der drei Geradenschnittpunkte.
2. Vergleichen Sie die Steilheiten der Isothermen mit den theoretischen Werten für diese Temperaturen (siehe Gleichung (2.5)).
3. a) Berechnen Sie die pH-Werte der Kaliumhydrogenphthalatpufferlösung für die drei Temperaturen mit Hilfe der EMK-Messungen unter Berücksichtigung der entsprechenden Isothermen.
   b) Berechnen Sie die pH-Werte der Kaliumhydrogenphthalatpufferlösung für die drei Temperaturen, die ein Potentiometer mit einer Einstellmöglichkeit des Isothermenschnittpunktes angezeigt hätte (Gleichung 2.12). Für E_{iso} und pH_{iso} setzen Sie die gemittelten Koordinaten der Isothermen ein. Für S verwenden Sie den unter Aufgabe 1 gemessenen Wert (Gleichung 2.13) und korrigieren für die entsprechende Temperatur mit Hilfe der Beziehung

$$S_{aktuell} = S_{eich} \times \frac{T_{aktuell}}{T_{eich}}$$

   c) Vergleichen Sie die unter a) und b) erhaltenen Werte und die nach konventioneller Eichung (Aufgabe 1) direkt gemessenen pH-Werte mit den theoretischen Werten (293 K: pH = 4,00; 313 K: pH = 4,03; 333 K: pH = 4,08) und diskutieren Sie die Abweichungen!

4. Die Eichung einer pH-Elektrode bei 25 °C hat die in Tabelle 2.3 dokumentierten EMK-Werte ergeben:

Tabelle 2.3:

pH	EMK [mV]
6,865	4,8
9,180	−131,8
7,000	−3,2

In den folgenden Schritten soll im Gedankenexperiment der Vorgang der Eichung am pH-Meter nachvollzogen werden.

a) Die zufällig am pH-Meter eingestellte Steilheit betrage 50 mV/pH. Die Elektrode wird zur Eichung zunächst in die Pufferlösung mit pH = 6,865 getaucht, und damit der Nullpunktabgleich durchgeführt. Dieses erfolgt durch Drehen am Asymmetriepotential bis die Meßwertanzeige auf pH = 6,865 eingestellt ist.

Berechnen Sie das hierdurch eingestellte Asymmetriepotential.

b) Danach wird die Elektrode in pH = 9,180-Pufferlösung getaucht und mit dem Steilheitsregler die Meßwertanzeige des Meßgerätes auf pH = 9,180 eingestellt.

Berechnen Sie die neu eingestellte Steilheit.

c) Zur Kontrolle erfolgt eine Messung in einer pH-7-Pufferlösung.

Welchen pH-Wert zeigt das Meßgerät jetzt an?
Wie kann der resultierende Fehler verringert werden?

Versuch 3: Vergleich der photometrischen und potentiometrischen Bestimmung der Konzentration von Ammoniumstickstoff (NH_{4tot}) einer Wasserprobe

Aufgaben

1. photometrische Bestimmung von $NH_{4,tot}$
2. Bestimmung des pH-Wertes
3. potentiometrische Bestimmung von NH_3 und $NH_{4,tot}$

Grundlagen der potentiometrischen Ammoniak-Messung

NH_3-Gas kann direktpotentiometrisch bestimmt werden. Da beim Einleiten von NH_3 in wäßrige Lösungen Wasserstoffionen abgefangen werden, kann eine pH-Glaselektrode zur Anzeige der Änderung des pH-Wertes der Lösung herangezogen werden. Die **NH_3-Elektrode** besteht demnach aus einer pH-Glaselektrode, die in eine definierte Elektrolytlösung taucht, und einer Referenzelektrode (Abbildung 2.2).

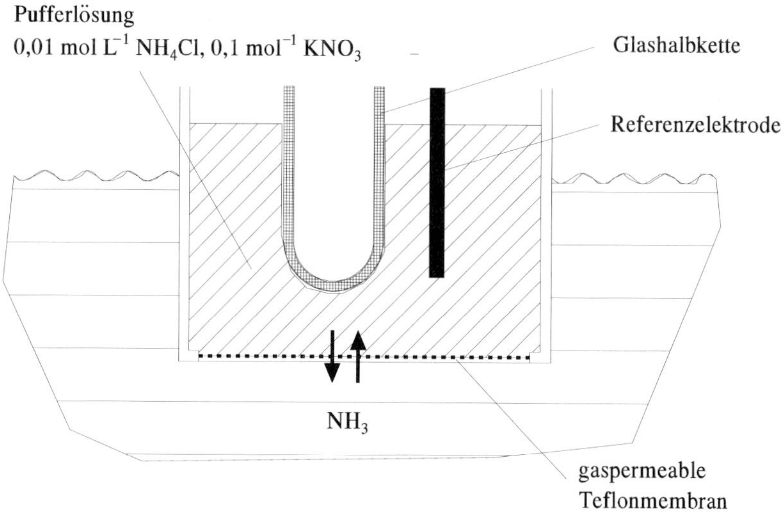

2.2 Aufbau gas-sensitiver Elektroden am Beispiel der ammoniak-sensitiven Elektrode.

Gemäß dem Massenwirkungsgesetz ergibt sich bei konstant gehaltener NH_4^+-Aktivität in der Elektrolytlösung (eine „konstante" NH_4^+-Aktivität wird durch Vorlage einer hochkonzentrierten NH_4Cl-Lösung erreicht) eine Proportionalität zwischen der Aktivität des neutralen Gases und der Protonenaktivität.

$$a(H_3O^+) = \frac{K_a \times a(NH_4^+)}{a(NH_3)} \tag{2.14}$$

$$K_a = 10^{-9,25} \text{ mol} \times L^{-1}$$

mit $a(NH_4^+)$ = konst. folgt:

$$a(H_3O^+) \sim \frac{1}{a(NH_3)} \qquad (2.15)$$

bzw.:

$$pH = K - pNH_3 \qquad (2.16)$$

Den Aufbau einer solchen **gas-sensitiven Elektrode** zeigt Abbildung 2.2. Als Membran wird meist eine 0,1 mm dicke mikroporöse Teflonfolie, als Reaktionslösung 10^{-2} mol × L^{-1} NH_4Cl, 0,1 mol × L^{-1} KNO_3, verwendet. Zu beachten ist, daß der Gastransport durch die Membranfolie diffusionskontrolliert ist. Treibende Kraft für die Gasdiffusion ist der Gradient des Partialdrucks. Die Elektrode zeigt demnach die unterschiedlichen NH_3-Partialdrücke (bei variierenden Ionenstärken eigentlich die Fugazitäten) in den verschiedenen Eich- oder Meßlösungen an. Der Zusammenhang zwischen Partialdruck eines Gases p_x und Aktivität der physikalisch gelösten Stoffmenge des Gases $a(X_{aq})$ wird durch das **Henrysche Gesetz** beschrieben:

$$K_H \times p_x = a(X_{aq}) \qquad (2.17)$$

K_H: Henry-Konstante (57 mol × L^{-1} × atm^{-1} für NH_3)

Für viele **Gase** ist der Fugazitätskoeffizient in Süßwasser 1, so daß gilt:

$$a(X_{aq}) = c(X_{aq})$$

In der Literatur wird die Henry-Konstante häufig in der Einheit [atm] angegeben (konventionelle Henry-Konstante K). Es gelten die folgenden Beziehungen:

$$H = \frac{c(X_g)}{c(X_{aq})} \qquad (2.18)$$

$$K_H = \frac{1}{H \times R \times T} \qquad (2.19)$$

$$K = H \times R \times T \times M_w \qquad (2.20)$$

K: konventionelle Henry-Konstante [atm]
M_w: Molzahl von Wasser (55 mol × L^{-1})
H: dimensionsloser Verteilungskoeffizient des Stoffes zwischen Gas- und Wasserphase ($H(NH_3) = 0{,}00071$)

R: universelle Gaskonstante (0,082057 L × atm × mol^{-1} × K^{-1})
T: Temperatur [K]

Diese Beziehung gilt allerdings in dieser Form nur in idealer Lösung, d. h. für stark verdünnte Lösungen. K ist außerdem temperaturabhängig.

Da das Lösungsgleichgewicht bei der Eichung der Elektrode und bei Messung in unbekannten Lösungen eingeht, sollten sich Meß- und Eichlösung bezüglich Temperatur und Ionenstärke ähneln.

Beim Arbeiten in stark alkalischen Lösungen (pH > 13) können Störungen durch Quellen der Membran (Porenverkleinerung) auftreten. Auch können partikuläre kolloidale Probeninhaltsstoffe durch Verstopfung der Membranporen zu driftender Potentialwerteinstellung und damit zu ungenauen Meßwerten führen. Ein kontinuierlicher Einsatz einer NH_3-Meßkette ist daher nur bei ständiger Wartung (häufiges Membranwechseln) möglich.

Durchführung

Aufgabe 1

Chemismus

Durch Substitutionsreaktionen entstehen bei Einwirken von Hypochlorit-Ionen auf Ammoniak in wäßriger Lösung Chloramine, die in Anwesenheit eines Katalysators im alkalischen Bereich (pH ≈ 12,6) mit Phenolen tief blau gefärbte Indophenole bilden (Berthelot'sche Reaktion). Als aktive Chlorverbindung zur Bildung des Hypochlorits (ClO^-) dient Natriumdichlorcyanurat. Zur Darstellung des Indophenols (blau-grüner Komplex) verwendet man als phenolische Komponente Natriumsalicylat. Die Reaktion wird durch Natrium-pentacyanonitrosylferrat (Nitroprussid-Natrium) katalysiert. Da durch die Alkalisierung die Spezies NH_4^+ zu NH_3 deprotoniert, wird mit dieser Methode der Gesamtstickstoffgehalt aus den beiden Spezies bestimmt.

Geräte und Reagenzien

- mehrere 100-ml-Erlenmeyerkolben
- mehrere 100-ml-Meßkolben
- 2-ml-Vollpipetten
- 10-ml-Meßpipette
- 2-ml-Meßpipette

- Citrat-Lösung zur pH-Einstellung (pH 12,6 Lösung I):
  100 g Trinatriumcitrat, $C_6H_5Na_3O_7 \times 2H_2O$ p. a., und 10 g Natriumhydroxid, NaOH p. a., werden in bidestilliertem Wasser gelöst; die Lösung wird mit bidestilliertem Wasser auf 0,5 L aufgefüllt.

- Nitroprussid-Natriumsalicylat-Lösung (Lösung II):
  0,2 g Nitroprussid-Natrium-Dihydrat ($Na_2[Fe(CN)_5NO] \times 2H_2O$, giftig) und 17 g Natriumsalicylat, $C_7H_5NaO_3$ p. a., werden in bidestilliertem Wasser auf 100 ml aufgefüllt. Diese Lösung ist nur begrenzt haltbar.

- Natrium-dichlorcyanurat-Lösung (Lösung III):
  0,5 g Dichlorisocyanursäure-Natriumsalz-Dihydrat ($C_3N_3Cl_2O_3Na$, minder giftig), werden in bidestillertem Wasser gelöst; die Lösung wird mit bidestillertem Wasser auf 100 ml aufgefüllt. Diese Lösung muß täglich frisch angesetzt werden.

- Oxidationsreagenz (Lösung IV):
  100 ml der Lösung (I) und 25 ml der Lösung (III) werden vor dem Gebrauch vermischt.

Arbeitsvorschrift

Erstellen Sie eine Eichgerade aus einer 10^{-3} mol $\times$ L^{-1} NH_4Cl-Stammlösung für einen Bereich von 5×10^{-5} mol $\times$ L^{-1} bis 1×10^{-6} mol $\times$ L^{-1} (mindestens 5 Eichpunkte).

Die Eichstandards, der Blindwert (bidestilliertes Wasser) und die Probe sind wie folgt mit Reagenzien zu versetzen:

1. Zu 50 ml Probe/Standard gibt man 2 ml Lösung (II) hinzu. Anschließend muß gut geschüttelt werden. Die Lösung hat

eine relativ starke Eigenfärbung und man muß daher möglichst genau dosieren.

2. Dann gibt man 2 ml Lösung (IV) (Oxidationsreagenz) dazu und schüttelt erneut.
3. Die Absorptionsmessung erfolgt nach 90 Minuten bei 690 nm.

Aufgabe 2

Das pH-Meßgerät muß vor der Messung geeicht werden!

Durchführung der Eichung:

- Festlegung des Asymmetriepotentials am Drehknopf „ΔpH“;
- die pH-Anzeige wird auf den pH-Wert der Pufferlösung (meist pH 7) eingestellt;
- Einstellung der Steilheit bei einem anderen pH-Wert (z. B. pH 4) am Drehknopf „mV/pH“;
- Überprüfung der pH-Anzeige in pH-7-Puffer; evtl. Korrektur von „ΔpH“ und erneute Überprüfung der Steilheit usw. (Iteration).

Aufgabe 3

Geräte und Reagenzien

- Gasdichtes Gefäß mit Quetschverschlüssen für Elektroden und Septen
- mV-Meter (möglichst mit 0,1 mV Genauigkeit)
- pNH_3-Meßkette (z. B. ORION 9002)
- 10 mol × L^{-1} $NaNO_3$ p. a.
- 10 mol × L^{-1} NaOH p. a.
- 0,1 mol × L^{-1} NH_4Cl-Standardlösung
- Mikroliter-Pipetten 10 μl, 100 μl
- 10^{-3} mol × L^{-1} NH_4Cl
- 1 mol × L^{-1} NaOH
- 0,2 mol × L^{-1} NaOH (Titrisol)
- Magnetrührer, Rührfisch

Eichung der NH_3-Elektrode

Durchführung der Eichung in geschlossenem Gefäß:

Zu 100 ml Aqua bidestilliert (mit 3 – 4 Tropfen 10 mol × L^{-1} NaOH auf pH > 11,5 gebracht) werden additiv verschiedene Volumina eines NH_4^+-Standards zugegeben und nach jeder Zugabe der Potentialwert abgelesen. Mit jedem Zugabeschritt wird dabei das Volumen des vorherigen Schritts etwa verdoppelt: 10 µl, 20 µl, 50 µl, 100 µl, 200 µl, 500 µl, 1 ml.

Die exakten pNH_3-Werte der Eichlösungen können nach folgender Gleichung berechnet werden:

$$pNH_3 = -\lg\,[c(NH_4^+)_{Standard} \times v_{Zugabe}/(v_{Vorlage}+v_{Zugabe})] \qquad (2.21)$$

Bestimmung von lg $c(NH_{4,tot})$

100 ml der Probe werden in ein gasdichtes Gefäß gefüllt. Man gibt einen Rührfisch dazu und anschließend 3–4 Tropfen 10 mol × L^{-1} NaOH. Danach ist das Gefäß rasch zu verschließen und eine konstante Potentialeinstellung abzuwarten.

Bestimmung von pNH_3

100 ml der Probe werden in ein gasdichtes Gefäß gefüllt. Man gibt einen Rührfisch dazu und anschließend 3 – 4 Tropfen 10 mol × L^{-1} $NaNO_3$. Danach ist das Gefäß rasch zu verschließen und eine konstante Potentialeinstellung abzuwarten.

Diskussion

1. Berechnen Sie aus dem pNH_3- und pH-Wert die Konzentration an $NH_{4,tot}$, sofern der gemessene pNH_3-Wert innerhalb des Eichbereiches liegt.
2. Vergleichen Sie die drei Meßwerte für $NH_{4,tot}$ (photometrisch und potentiometrisch (lg $c(NH_4$,tot bzw. über pNH_3- und pH-Wert).

2.3 Auswertung von Titrationskurven

2.3.1 Gran-Titrationstechnik

Schwache Säuren, vor allem kurzkettige Fettsäuren (Essigsäure, Propionsäure etc.) kommen häufig als Metaboliten von Gärungsprozessen unter anaeroben Bedingungen vor (in sehr hohen Konzentrationen, z. B. in Hausmüllsickerwässern). Ihre Bestimmung als Einzelsubstanzen ist beispielsweise gaschromatographisch möglich. Eine sehr einfache Methode zur Simultanbestimmung von schwachen Säuren ist die titrimetrische Analyse (z. B. Anderson und Yang, 1992). Der Genauigkeit dieser Methode sind jedoch dadurch Grenzen gesetzt, daß die Titrationskurve, die die Grundinformation für die Auswertung enthält, häufig schlecht auswertbar ist, Grund hierfür ist die Tatsache, daß die Äquivalenzpunkte nicht eindeutig zuzuordnen sind (Abbildung 2.3). (Für eine detaillierte Information über titrimetrische Verfahren sei auf das Buch *Maßanalyse* von G. Jander (1986) verwiesen).

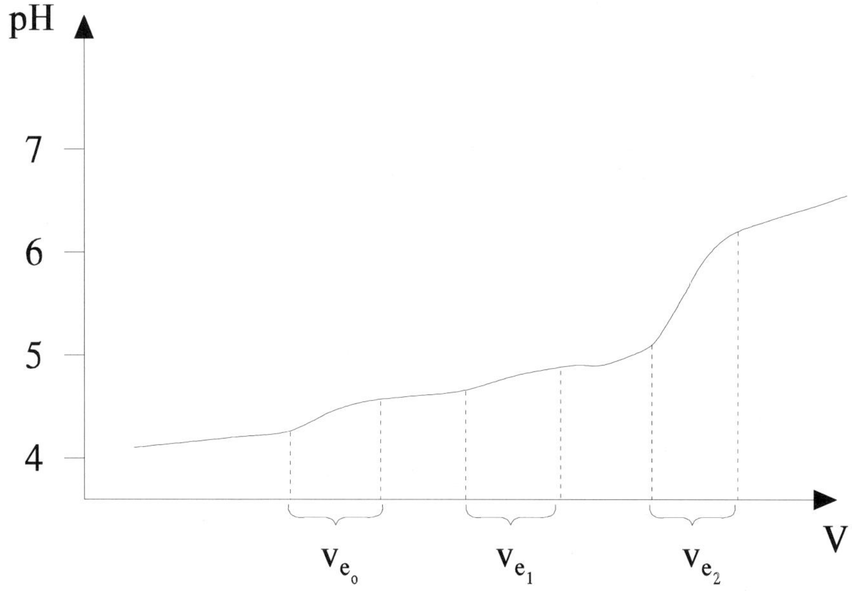

2.3 Fiktive Titrationskurve eines Säuregemisches; v_e0, v_e1 und v_e2 geben die Bereiche an, in denen etwa das Äquivalenzvolumen liegt.

Abhilfe schafft hierbei die Auswertung einer Titrationskurve mit Hilfe der **Gran-Technik**, d. h. der Linearisierung der (halblogarithmischen) Titrationskurve innerhalb bestimmter Abschnitte. Die Abschnittsgrenzen sind dabei durch die verschiedenen Äquivalenzpunkte gegeben. Die Gran-Titrationstechnik wurde z. B. zur Bestimmung der Azidität von Regenwasser eingesetzt (Johnson und Sigg, 1985).

Formal werden während einer Titration eines Säuregemisches z. B. mit NaOH die vorliegenden Säuren sukzessive vollständig deprotoniert. Die Titration beginnt bei der stärksten Säure, die im allgemeinen dem H_3O^+-Ion entspricht, und endet nach dem Überschreiten des letzten Äquivalenzpunktes, der zur schwächsten Säure in der Lösung korrespondiert (vergleiche Abbildung 2.3).

Für jeden einzelnen Abschnitt kann eine Stoffmengenbilanz derart erstellt werden, daß die Stoffmenge (noch) protonierter Säure HA_j derjenigen Stoffmenge an NaOH entspricht, die bis zum Erreichen des jeweiligen Äquivalenzpunktes nötig ist ($= v_{e_j} \times c(NaOH)$), minus derjenigen Stoffmenge an NaOH, die bereits für die Deprotonierung aller stärkeren Säuren HA_i sowie der Säure HA_j verbraucht wurde ($v \times c(NaOH)$). Zu Beginn der Titration liegen nur Protonen vor, so daß für die Stoffmengenbilanz folgt:

$$c(H_3O^+) \times (v_0 + v) = v_{e_0} \times c(NaOH) - v \times c(NaOH) = (v_{e_0} - v)\, c(NaOH) \qquad (2.22)$$

v_0: Ausgangsvolumen der Titrationslösung in ml
v_{e_0}: Äquivalenzvolumen zur Neutralisierung der H_3O^+-Ionen in ml
v: Volumen des zugegebenen Titrationsmittels in ml ($v < v_{e_0}$)
c(NaOH): Konzentration des Titrationsmittels, hier NaOH in $mol \times L^{-1}$

Liegt keine schwache Säure vor, so ist die Titration bereits beendet. Ansonsten erfolgt Deprotonierung der nächstschwächeren Säure HA_1, für welche die Stoffmengenbilanz lautet:

$$c(HA_1) \times (v_0 + v) = (v_{e_1} - v) \times c(NaOH) \qquad (2.23)$$

und für jede weitere schwächere Säure

$$c(HA_j) \times (v_0 + v) = (v_{e_j} - v) \times c(NaOH) \qquad (2.24)$$

v_{ej}: Äquivalenzvolumen zur Neutralisierung der Säure HA_j in ml ($v_{ej} > v > v_{e_{j-1}}$)

Noch einmal in Worten: die Stoffmenge HA_j entspricht genau derjenigen Stoffmenge an NaOH, die bis zum Erreichen des (j)-ten

Äquivalenzpunktes verbraucht werden würde, minus derjenigen, die bereits zur Deprotonierung aller stärkeren Säuren verbraucht worden ist.

Wenn die schwächste Säure titriert worden ist, entspricht die Stoffmenge an OH^--Ionen ($(v_0 + v) \times c(OH^-)$) in Lösung der insgesamt zugegebenen Stoffmenge an NaOH ($= v \times c(NaOH)$) minus derjenigen Menge, die für die Titration der in Lösung befindlichen n Säuren ($= v_{e_0} \times c(NaOH)$) nötig war:

$$(v_0 + v) \times c(OH^-) = (v - v_{e_0}) \times c(NaOH) \qquad (2.25)$$

Eine der Gleichung 2.24 analoge Stoffbilanz läßt sich auch für die deprotonierte Spezies A_j^- schreiben. Dabei entspricht die Stoffmenge $c(A_j^-) \times (v_0 + v)$ derjenigen Stoffmenge an NaOH, die bereits für die Deprotonierung aller Säuren verbraucht wurde inklusive HA_j ($= v \times c(NaOH)$) minus derjenigen für die Deprotonierung aller stärkeren Säuren als HA_j ($= v_{e_{j-1}} \times c(NaOH)$):

$$c(A_j^-) \times (v_0 + v) = (v - v_{e_{j-1}}) \times c(NaOH) \qquad (2.26)$$

Mit Hilfe des Massenwirkungsgesetzes (Ionenstärkeeinfluß vernachlässigt):

$$\frac{c(A_j^-) \times c(H_3O^+)}{c(HA_j)} = K_{a/j} \qquad (2.27)$$

lassen sich Gleichung 2.24 und 2.26 ineinander überführen:

$$(v - v_{e_{j-1}}) \times c(H_3O^+) = K_{a/j}\,(v_{e_j} - v) \qquad (2.28)$$

Gleichungen 2.22, 2.25 und 2.28 (Gleichung 2.25 unter Verwendung des **Ionenproduktes** von Wasser) lassen sich in Funktionen des pH-Wertes umwandeln.

$$\begin{aligned} FG_0 &= 10^{-pH} \times (v_0 + v) \\ &= (v_{e_0} - v) \times c(NaOH) \qquad (2.22) \rightarrow (2.29) \end{aligned}$$

$$\begin{aligned} FG_j &= 10^{-pH} \times (v - v_{e_{j-1}}) \\ &= (v_{e_j} - v) \times K_{a/j} \qquad (2.28) \rightarrow (2.30) \end{aligned}$$

$$\begin{aligned} FG_n &= 10^{+pH}\,(v_0 + v) \\ &= (v - v_{e_n}) \times 1/K_w \times c(NaOH) \qquad (2.25) \rightarrow (2.31) \end{aligned}$$

Die Gleichungen 2.28 bis 2.31 heißen Gran-Funktionen und werden mit FG abgekürzt. Die linke Seite der Gran-Funktionen kann gegen das zugesetzte Volumen aufgetragen werden (Abbildung 2.4).

Die Gran-Funktionen sind linear, so lange das Äquivalenzvolumen auf der Volumenachse noch nicht erreicht ist. Der Schnittpunkt des linearen Abschnitts mit der Volumenachse (bzw. die Extrapolation des Abschnitts mit der maximalen Steigung) liefert das Äquivalenzvolumen, z. B.

$$FG_0 = (v_{e_0} - v) \times c(NaOH) = 0, \text{ wenn gilt: } v = v_{e_0}$$

Mit v_{e_0} kann die linke Seite von FG_1 gegen das zugesetzte Volumen aufgetragen und v_{e_1} ermittelt werden usw. Die negativen Steigungen der linearen Abschnitte der Gran-Funktionen FG_1 bis FG_n entsprechen den Säurekonstanten $K_{a/j}$ der titrierten schwachen Säuren.

Die analoge Ableitung kann für die Titration eines Basengemisches mit HCl durchgeführt werden.

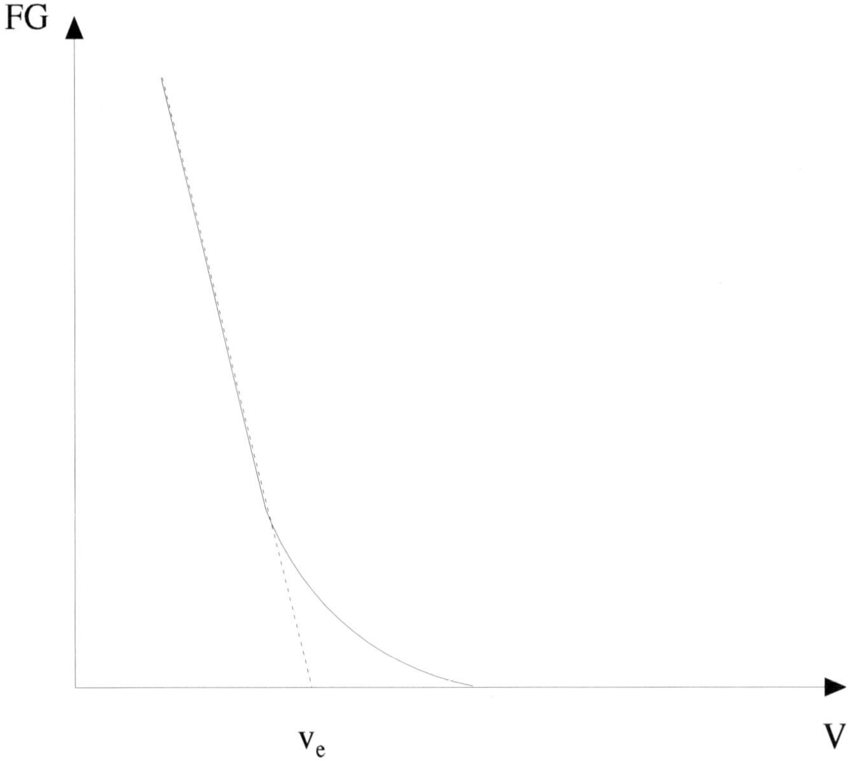

2.4 Auftragung einer Gran-Funktion FG als Funktion des Volumens des Titrationsmittels. Extrapolation des linearen Abschnitts der Gran-Funktion liefert das Äquivalenzvolumen v_e.

2.3.2 Literatur

Bücher

Cammann, K. *Das Arbeiten mit ionensensitiven Elektroden.* Berlin (Springer) 1981.

Jander, G. *Maßanalyse.* Berlin (de Gruyter) 1986.

Stumm, W.; Morgan, J. J. *Aquatic Chemistry.* (John Wiley und Sons) 1981.

Zeitschriften

Anderson, G. K.; Yang, G. *Determination of Bicarbonate and Total Volatile Acid Concentration in Anaerobic Digesters Using a Simple Titration.* In: *Water Environment Research* 64, 1992, S. 53–59.

Gran, G. *Determination of the Equivalence Point in Potentiometric Titrations. Part II.* In: *The Analyst.* 77, 1952, S. 661–671.

Johnson, C. A.; Sigg, L. *Acidity of Rain and Fog: Conceptual Definitions and Practical Measurements of Acidity.* In: *Chimia* 39, 1985, S. 59–61.

Versuch 4: Bestimmung der Konzentration und der Säurekonstante schwacher Säuren durch potentiometrische Titration

Aufgaben

1. Bestimmung des Titers einer NaOH-Lösung
2. Potentiometrische Titration einer Lösung mit zwei schwachen Säuren mit NaOH

Durchführung

Aufgabe 1

– Eichung der pH-Elektrode (vergleiche Kapitel 2.2)

– Durchführung der Titration

NaOH altert rasch durch die Aufnahme von CO_2. Die Bestimmung des Titers muß daher immer durchgeführt werden, wenn keine frisch angesetzte NaOH verwendet wird.

Es werden 10 ml 0,005 mol $\times$ L^{-1} HCl (Titrisollösung) in einem Becherglas vorgelegt, dann wird mit der 0,005 mol $\times$ L^{-1} NaOH (Titrisollösung) bis pH 7 titriert.

Berechnung des Faktors F:

$$F_{NaOH} = \frac{V\ (\text{vorgelegtes HCl})}{V\ (\text{verbrauchte NaOH})}$$

Berechnung der tatsächlichen Konzentration der Natronlauge:

$$c(NaOH) = 0{,}005\ mol \times L^{-1} \times F_{NaOH}$$

Aufgabe 2

Geräte und Reagenzien

- pH-Meßgerät, pH-Elektrode
- Magnetrührer, Magnetfisch
- 0,005 mol $\times$ L^{-1} NaOH (Titrisollösung)
- Becherglas
- 50-ml-Pipette
- 25-ml-Bürette (0,1 ml Skalierung, besser Digitalbürette)

Arbeitsvorschrift

- 50 ml eines Gemisches aus den Salzen zweier schwacher Säuren ($5 < pK_a < 8$) in ein Becherglas füllen;

- Zugabe von 10 μl 35% HCl zur Einstellung des Anfangs-pH-Wertes (der Anfangs-pH-Wert sollte bei 3 bis 3,5 liegen);

- langsam bis ca. pH 10 titrieren; bis pH 4,5 in 0,5-ml-Schritten, dann in 0,1-ml-Schritten. Die Wertepaare (Volumen, pH) sind zu notieren!

Berechnungen und Diskussion

1. Auswertung der Titrationskurven nach der Gran-Methode und der Tangentenmethode sowie Berechnung der Konzentrationen der beiden vorgelegten Säuren

– Gran-Methode

Die Gran-Funktion FG_0 (Glcichung 2.29) ist gegen das zugesetzte Volumen der NaOH auf Millimeterpapier aufzutragen. Extrapolation des linearen Abschnittes von FG_0 auf die Volumenachse liefert das Äquivalenzvolumen v_{e_0} (dies entspricht der anfangs zugegebenen HCl). Mit Hilfe von v_{e_0} kann FG_1 (Gleichung 2.30) aufgetragen werden, im Intervall v_{e_0} bis zum maximal zugesetzten Volumen v_{max}. Lineare Extrapolation liefert v_{e_1}, so daß schließlich die Gran-Funktion FG_2 gezeichnet werden kann.

Achtung: Es können sehr hohe Zahlenwerte auftreten, deshalb muß man bei der Skalierung auf dem Millimeterpapier aufpassen.

– Tangentenmethode

Der pH-Wert ist ebenfalls gegen das zugesetzte Volumen des Titrationsmittels aufzutragen. Es sind jeweils zwei parallele Tangenten so an die Titrationskurve anzulegen, daß ihre Berührungspunkte den Äquivalenzpunkt einschließen. Eine parallel verlaufende Gerade in halbem Abstand zu den Tangenten schneidet die Titrationskurve im Äquivalenzpunkt (vergleiche Abbildung 2.5). Das Ergebnis ist dann richtig, wenn die Titrationskurve symmetrisch verläuft.

2. Bestimmen Sie die Säurekonstanten der beiden Verbindungen aus der Steigung der Gran-Funktionen. Um welche Säuren könnte es sich dabei handeln?

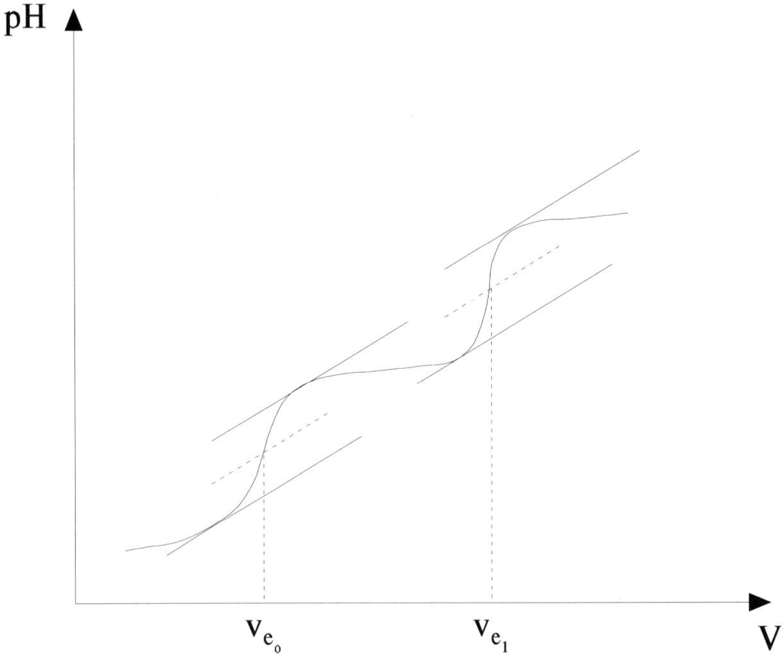

2.5 Schematische Darstellung einer Titrationskurve und Ermittlung der Äquivalenzpunkte eines Säuregemisches mit Hilfe der Tangentenmethode (idealisiert).

2.4 Sauerstoffmessung

2.4.1 Amperometrische Sauerstoffmessung

Im allgemeinen dominiert heute die **Amperometrie**, da hiermit *in situ*-Messungen sowie die Regelung der Sauerstoffkonzentration (z. B. in Oxidationstanks bei der Abwasserbehandlung) möglich werden.

Prinzip

Eine Platin- oder Goldelektrodenhalbkette wird gegenüber einer Referenzhalbkette (gewöhnlich Ag/AgCl) kathodisch polarisiert. Da beide Halbketten durch eine hydrophobe, wasser- und elektrolytdichte Membran (Teflon, 10 – 20 μm Dicke) von der Probenlösung getrennt sind, können nur im Wasser gelöste **Gase** entsprechend ihrer Diffusionsgeschwindigkeit durch die Teflonmembran und in Abhängigkeit von ihrem Partialdruck an die Arbeitselektrode gelangen. Bei einem Kathodenpotential von ca. 500 – 700 mV finden folgende elektrochemische Reaktionen statt:

Kathode: $O_2 + 4e^- (Pt) + 2H_2O \rightarrow 4OH^-$

Anode: $4Ag^0 + 4Cl^- \rightarrow 4AgCl + 4e^-$

Der kathodische Reduktionsstrom wird gemessen und als O_2-Partialdruck (in torr oder mbar) oder direkt als mg × L^{-1} *D. O.* (*Dissolved Oxygen*) angezeigt. Andere elektrochemisch aktive Gase (z. B. H_2S) stören die Messung und zerstören langfristig die Elektroden.

Da die amperometrische Sauerstoffelektrode die *Fugazität*, *nicht* die *Konzentration* mißt, muß bei Konzentrationsbestimmungen in salinen Lösungen ($I > 0{,}01$ mol × L^{-1}) der „**Aussalzeffekt**" berücksichtigt werden. Für Sauerstoff erhöht sich mit zunehmender Ionenstärke die **Fugazität**, so daß die Konzentration in einer solchen Lösung abnimmt. Wird also in zwei Lösungen unterschiedlicher Salinität die gleiche Fugazität gemessen, so ist die Konzentration an D. O. in der salineren Lösung geringer (vergleiche hierzu Meites, 1981).

2.4.2 Jodometrische Sauerstoffbestimmung (Winkler-Methode)

Die jodometrische Sauerstoffbestimmung nach Winkler wird heute fast nur noch zur Eichung anderer Bestimmungsmethoden oder bei Sauerstoffbestimmungen verwendet, bei denen amperometrische Meßfühler zu groß und unhandlich sind (Mikro-Winkler-Methode). Auch bei der BSB-Bestimmung wird die Winkler-Methode noch angewandt (Differential-Winkler-Methode). Die Methode ist eine Redoxtitration und beruht auf drei hintereinandergeschalteten Reaktionen:

1. Der im Wasser gelöste Sauerstoff oxidiert zugesetztes Mn(II) zu Mn(IV)

   $Mn^{2+} + 1/2O_2 + H_2O \rightarrow Mn^{4+} + 2OH^-$

   welches in alkalischer Lösung als unlösliches Mn(IV) Oxidhydrat (Braunstein) ausfällt:

   $Mn^{4+} + 4OH^- \rightarrow MnO_2 + 2H_2O$

   Damit ist der vorher gelöste Sauerstoff in Form von **Redoxäquivalenten** chemisch fixiert.

2. Mn(IV) oxidiert in saurer Lösung unter Auflösung des Braunsteins:

   $MnO_2 + 4H_3O^+ \rightarrow Mn^{4+} + 6H_2O,$

   zugesetztes Jodid zu Jod, wobei es selber wieder zu Mn(II) reduziert wird:

   $Mn^{4+} + I^{2-} \rightarrow Mn^{2+} + I_2$

3. Die äquivalent zum vorher gelösten Sauerstoff ausgeschiedene Jodmenge wird nun mit Thiosulfat (gegen Stärke als Indikator) titriert, wobei das Jod wieder zum Jodid reduziert, und das Thiosulfat zum Tetrathionat oxidiert wird:

   $I_2 + 2S_2O_3^{2-} \rightarrow 2I^- + S_4O_6^{2-}$

   In der Gesamtbilanz ergibt sich eine Äquivalenz der bei der Titration verbrauchten Menge an Thiosulfat zu dem vorher in Wasser gelösten Sauerstoff:

   a) $O_2 + 4H_3O^+ + 4e^- \rightarrow 6H_2O$

   b) $\overset{2\times(+2)}{S_2O_3^{2-}} \rightarrow \tfrac{1}{2}\,\overset{2\times(+2{,}5)}{S_4O_6^{2-}} + e^-$

   Bruttoreaktion:

   $O_2 + 4S_2O_3^{2-} + 4H_3O^+ \rightarrow 6H_2O + 2S_4O_6^{2-}$

Berechnung von Redoxäquivalenten

Die Zahl der Redoxäquivalente pro Formelumsatz ergibt sich aus der Zahl der Elektronen, die pro Ausgangsmolekül in einer Halbreaktion umgesetzt werden, d. h. für obige Gleichungen:

1. ein O_2-Molekül entspricht vier Redoxäquivalenten;
2. ein $S_2O_3^{2-}$-Molekül entspricht einem Redoxäquivalent.

Die Konzentration an Redoxäquivalenten bezeichnet die **Normalität** einer Lösung. Die Normalität eines Stoffes ist also die Konzentration eines Stoffes in mol × L^{-1}, normiert auf die Anzahl der Elektronen, die pro Molekül umgesetzt werden.

Beispiel:
1 mmol × L^{-1} O_2 = 4 mmol × L^{-1} Redoxäquivalente
oder $c(O_2)$ = 0,001 molar (mol × L^{-1}), aber 0,004 normal (N)

Für andere Beispiele überlege man sich Analoges ($K_2Cr_2O_7$, KIO_3, KI). Durch den Bezug der Stoffkonzentration auf die „Währung“ Elektron ergeben sich große Vorteile für die analytische Chemie (z. B. Redoxtitrationen).

2.4.3 Literatur

Bücher

Hitchman, M. A. *Measurement of Dissolved Oxygen.* New York (Wiley) 1978.

Meites, L. *An Introduction to Chemical Equilibrium and Kinetics.* Oxford (Pergamon Press) 1981.

Schuler, P. *Oxi-Fibel – Einführung in die Gelöstsauerstoff-Meßtechnik.* Weilheim (WTW-Selbstverlag) 1987.

Versuch 5: Vergleich zwischen amperometrischer und jodometrischer Sauerstoffbestimmung

Aufgaben

1. Bestimmung des Titers einer 0,01 normalen Thiosulfatlösung
2. Jodometrische Sauerstoffbestimmung in drei Parallelproben
3. Amperometrische Sauerstoffbestimmung in drei Parallelproben

Durchführung

Geräte und Reagenzien (für Aufgaben 1 und 2)

- Glasgeräte zur Maßanalyse
- Glasschliffflaschen mit bekanntem Volumen (sogenannte Sauerstoffflaschen nach Winkler)
- Mangan(II)sulfat-Lösung: 100 g $MnSO_4 \times 4H_2O$ + 200 ml bidestilliertes Wasser
- Kaliumjodid-Natronlauge: 100 g NaOH + 200 ml bidestilliertes Wasser + 50 g KI
- Natriumhydrogensulfat-Lösung: 500 g $NaHSO_4 \times H_2O$ + 400 ml bidestilliertes Wasser
- Natriumthiosulfat-Lösung: 0,01 N, vor Gebrauch stets aus 0,1 N-Lösung verdünnen
- Stärke-Lösung: ca. 1 g lösliche Stärke in 100 ml Wasser aufkochen und 0,5 ml Formaldehyd zur Redoxstabilisation hinzufügen

Aufgabe 1

Mit einer trockenen 5-ml-Vollpipette werden genau 5,00 ml der 0,05 N Kaliumdichromat oder 0,05 N Kaliumjodat-Lösung (Urtitersubstanzen) zu ungefähr 50 ml bidestilliertem Wasser in einen 200-ml-Erlenmeyerkolben gegeben. Anschließend werden 5 ml 10 % Kaliumjodid-Lösung und 1 ml konzentrierte Salzsäure hinzugegeben.

Reaktionsverlauf:

$$Cr_2O_7^{2-} + 6I^- + 14H_3O^+ \rightarrow 2Cr^{3+} + 3I_2 + 21H_2O$$

Das freigesetzte Jod wird dann sofort mit der einzustellenden Thiosulfat-Lösung gegen Stärke als Indikator titriert. Sollverbrauch: 25,0 ml 0,01 N Thiosulfat:

5 ml 0,05 N Kaliumdichromat = 0,25 mmol Redoxäquivalente entspricht 25 ml 0,01 N Thiosulfat

$$F = \frac{\text{Sollverbrauch}}{\text{Istverbrauch}}$$

Aufgabe 2

Arbeitsvorschrift

O_2-Fixierung am Ort der Probenentnahme. Die O_2-Bestimmungsflasche (Volumen: 100 – 200 ml) wird mit dem Probenwasser über einen Schlauch luftblasenfrei gefüllt und mehrmals mit Probenwasser durchgespült (zur Verdrängung des am Anfang mit Luft in Berührung gekommenen Wassers). Dann erfolgt die rasche Zugabe von 0,5 ml Mn-Lösung und 5 ml KI-NaOH. Es bildet sich Braunstein, der sogleich absedimentiert. Die Flasche muß fest und *luftblasenfrei* verschlossen und kräftig umgeschüttelt werden.

Weiterverarbeitung der Proben im Labor. Ohne Aufwirbelung des Niederschlages werden 3 ml $NaHSO_4$-Lösung oder 25 %-ige HCl-Lösung in die Flasche hineingeben, wobei die Probe überlaufen darf. Die Flasche ist zu verschließen und umzuschütteln. Dann wartet man ca. 10 Minuten. Der Flascheninhalt wird quantitativ (!) in einen 200-ml-Erlenmeyer überführt (nachspülen). Dann gibt man 1 ml Stärkelösung dazu und titriert sofort und möglichst schnell bis zur Entfärbung des blauen Jod-Stärke-Komplexes mit der 0,01 N Thiosulfatlösung.

Berechnung

$$\text{Gehalt an D. O. } [\text{mg} \times \text{L}^{-1}] = \frac{V \times N \times F \times 0{,}25\ MM_{O_2}}{V_{\text{Flasche}} - V_{\text{Zusätze}}}$$

V:	Verbrauch an Thiosulfatlösung in ml
N:	Normalität der Thiosulfatlösung (hier 0,01 mol × L^{-1})
F:	Titrationsfaktor („Titer") der Thiosulfatlösung
V_{Flasche}:	Flaschenvolumen in ml
$V_{\text{Zusätze}}$:	Gesamtvolumen der Zusätze an $MnSO_4$-Lösung und KI-Natronlauge, also 1,0 ml
MM_{O_2}:	Molmasse von O_2 = 32 000 mg × mol^{-1}

Von dem berechneten O_2-Gehalt sind 0,07 mg × L^{-1} O_2 für den mit den Reagenzien eingeschleppten Sauerstoff abzuziehen.

Aufgabe 3

Hinweis:

Die O_2-Elektrode verbraucht während der Messung Sauerstoff. Aus diesem Grunde muß immer für eine gute advektive Nachlieferung von Sauerstoff an die Elektrode, z. B. durch Rühren, gesorgt sein. Hierbei ergibt sich jedoch ein Problem für die Messung im Labor. Eine Wasserprobe dürfte kaum im Gleichgewicht mit dem O_2-Partialdruck des Labors stehen (durch eine andere Temperatur, biologisch bedingte O_2-Über- oder Untersättigung), so daß als Folge der Meßwert durch das Rühren verfälscht wird. Dieser Fehler kann natürlich im Labor nur schwer eliminiert werden. Es sollte also möglichst der Sauerstoffgehalt eines Gewässers *vor Ort* bestimmt werden.

Eichverfahren

Die Eichung kann entweder in luftgesättigtem Wasser oder in wassergesättigter Luft erfolgen. Der Sauerstoffpartialdruck ist bei beiden Verfahren gleich und entspricht einem Sauerstoffgehalt von 100 %.

Eine luftgesättigte Lösung wird im allgemeinen durch Begasen oder Rühren hergestellt. Diese Methode ist allerdings ungenau, da durch zu wenig Begasen/Rühren die Lösung untersättigt, durch zu viel Begasen/Rühren aber auch übersättigt sein kann. Genauer ist die Verwendung eines Eichgefäßes, das wassergesättigte Luft enthält. Häufig befindet sich im Eichgefäß ein Schwamm, der feucht zu halten ist, da er für die erforderliche hohe Luftfeuchtigkeit sorgt. Allerdings bestehen selbst bei ausreichender Wasserdampfsättigung geringfügige Unterschiede zwischen dem Sensorstrom an Luft und in Wasser. Im allgemeinen ist das „Luftsignal" um 2 % höher. Zurückzuführen sind diese Unterschiede auf etwas veränderte Diffusionsbedingungen für den Sauerstoff an der Phasengrenze gasförmig/fest (Luft/Membran) im Vergleich zu flüssig/fest (Wasser/Membran). Grundsätzlich ist der Signalunterschied streng reproduzierbar. So werden z. B. die Elektroden der Firma WTW bei der Eichung im OxiCal-Eichgefäß auf 102 % abgeglichen.

Durchführung

Der Luftdruck ist am Meßgerät einzustellen. Dafür wird der Schalter auf mbar und O_2 gestellt, der Luftdruck am Barometer abgelesen und mit dem mbar-Regler eingegeben. Den Schalter stellt man auf %. Die Wassertropfen an der Elektrode sollten durch Abtupfen entfernt werden. Die Elektrode ist bis zum Anschlag in das Eichgefäß zu stecken. Man wartet auf eine stabile Anzeige (mindestens 1 Minute) und gleicht das Gerät mit dem Steilheitsregler auf 102 % ab.

Hinweis

Wenn keine Luftdruck- und Temperaturkompensation im Meßgerät vorhanden sind, muß die Sättigungskonzentration des Sauerstoffs manuell am Meßgerät eingegeben werden. Auf die Berechnung wird in Abschnitt 4.2.2 eingegangen.

Messung

Die Meßkette bedarf keiner besonderen Vorbereitung. Bei häufigen oder kontinuierlichen Messungen in sauerstoffreichen Lösungen muß die Meßkette wöchentlich oder nach kürzerer Zeit nachgeeicht werden (Nullpunktdrift, Steilheitsänderung).

„Beziehen“ der Meßkette

Alle amperometrischen Sauerstoffelektroden müssen neu „bezogen“ werden, wenn der Nullpunkt und/oder die Steilheit der Meßkette außerhalb der Meßbereichanzeige am Meßgerät liegt. Unter „Beziehen“ versteht man das Auswechseln des Innenelektrolyten, Reinigen der Arbeitselektrode und das Aufziehen einer neuen Teflonmembran. Man halte sich im einzelnen an die Vorschriften des Meßkettenherstellers.

Störungen

Hauptstörkomponente ist Schwefelwasserstoff (H_2S), da Sulfidionen mit Ag^+-Ionen des Innenelektrolyten schwerlösliches Ag_2S bilden. Da Mischungen von H_2S und O_2 jedoch instabil sind (vor allem bei pH ≤ 7), kann man diese Störungsquelle in natürlichen Wässern gewöhnlich vernachlässigen.

Diskussion

Überprüfen Sie mit Hilfe eines t-Tests, ob sich die beiden Meßwerte signifikant unterscheiden. Voraussetzung ist die Gleichheit der Varianzen der Meßwerte, was mit einem F-Test getestet werden muß. Prüfgröße ist hierbei

$$P = \frac{s_1^2}{s_2^2}$$

Dabei muß der Quotient so gebildet werden, daß gilt: $P > 1$.

2.5 Bestimmung der elektrischen Leitfähigkeit

2.5.1 Bedeutung der Leitfähigkeit für die Gewässerchemie

Die **Leitfähigkeit** des Wassers (*conductivity*) ist ein unspezifisches Maß für die Gesamtionenkonzentration. Sie ist sowohl von der Art und Konzentration der Ionen als auch von der Temperatur abhängig. Die Meßwerte lassen keine Aussagen über die Art der Ionen zu. Rückschlüsse von der Leitfähigkeit auf die Konzentration sind nur möglich, wenn die Ionenzusammensetzung und die Äquivalentleitfähigkeiten der betreffenden Ionen bekannt sind. Dennoch ist die Leitfähigkeit eine ausgezeichnete Kenngröße über Herkunft und Geschichte eines Wasserkörpers, da Elektrolyte nicht flüchtig sind. Außerdem sind Elektrolyte häufig auch nicht nennenswert an Fällungsreaktionen beteiligt (z. B. Alkali- und Halogenidionen). Die Leitfähigkeit natürlicher Süßgewässer bewegt sich im allgemeinen zwischen 100 und 1 000 $\mu S \times cm^{-1}$.

Die elektrische Leitfähigkeit als Parameter für die summarische Erfassung von im Wasser gelösten Ionen kann angewandt werden zur Kontrolle

a) der Beschaffenheit der Gewässer;
b) der Wassergewinnung und -aufbereitung;
c) der Wasserqualität im Zusammenhang mit der Nutzung;
d) von Abwässern;
e) der Vollständigkeit von Ionenanalysen.

Je nach Anwendungsfall ist die Messung absoluter Werte oder die Erfassung relativer Veränderungen von Bedeutung. In Kapitel 4.1. wird die Leitfähigkeit verwendet, um über eine empirische Beziehung die Ionenstärke zu berechnen.

2.5.2 Theorie der elektrischen Leitfähigkeit

Die Grundgrößen zur Beschreibung eines leitenden Mediums sind der Ohmsche Widerstand R (gemessen in Ω) bzw. dessen Kehrwert, der sogenannte **Leitwert** G, dem die Einheit S („Siemens“) zugewiesen wurde.

$$G = \frac{1}{R} \; [\Omega^{-1} \text{ bzw. S}] \tag{2.32}$$

Ohne Kenntnis der geometrischen Abmessungen eines Stromleiters ergibt sich noch keine absolute Aussage über die Leitfähigkeit eines Stoffes, weshalb die Leitfähigkeit auf den Querschnitt A sowie die Länge L des Leiters bezogen wird. Die Proportionalitätskonstante zwischen Leitwert und der Leitfähigkeit ergibt sich aus den geometrischen Abmessungen.

$$G = \kappa \frac{A}{L} \tag{2.33}$$

κ: Leitfähigkeit eines Leiters in $S \times cm^{-1}$, wobei häufig die Einheit $\mu S \times cm^{-1}$ bzw. $mS \times cm^{-1}$ verwendet wird.

Der Begriff „elektrische Leitfähigkeit" bezeichnet die Eigenschaft eines Lösungsmittels, in unserem Fall Wasser, elektrischen Strom zu leiten. Ursache für die Leitfähigkeit ist die Wanderung von Ionen im elektrischen Feld und ihre Elektrolyse an der Anode bzw. Kathode.

Die Wanderungsgeschwindigkeit v eines Ions hängt von der Feldstärke E und der Beweglichkeit μ eines Ions ab. Letztere ist eine Ioneneigenschaft. Die Beweglichkeit eines Ions wächst mit der Ionenladung. Sie ist um so höher, je kleiner das Ion und je niedriger die dynamische Viskosität eines Lösungsmittels ist. In wäßriger Lösung wirkt jedoch die Hydration derart, daß die Ionendurchmesser scheinbar ähnlich sind. Es gilt:

$$v = \mu E \qquad [cm \times s^{-1}] \tag{2.34}$$

μ: Ionenbeweglichkeit in $cm^2 \times V^{-1} \times s^{-1}$
E: elektrische Feldstärke in $V \times cm^{-1}$

Beispiele für Ionenbeweglichkeiten sind in Tabelle 2.4 gegeben.

Tabelle 2.4: Einige Ionenbeweglichkeiten bei 18 °C in $cm^2/V \times s$

H^+	$3{,}3 \times 10^{-3}$
Li^+	$1{,}8 \times 10^{-3}$
Na^+	$0{,}35 \times 10^{-3}$
NO_3^-	$0{,}46 \times 10^{-3}$
Cl^-	$0{,}65 \times 10^{-3}$
½ SO_4^-	$0{,}72 \times 10^{-3}$

Multipliziert man die Beweglichkeit eines Ions mit der Faraday-Konstante F, so wird der Beitrag eines Einzelions zur Leitfähigkeit beschrieben, die mit Äquivalentleitfähigkeit λ bezeichnet wird.

$$\lambda = \mu \times F = \frac{v}{E} \times F \; [cm^2 \times A \times V^{-1} \times mol^{-1}] \text{ bzw.}$$
$$[cm^2 \times \Omega^{-1} \times mol^{-1}] \qquad (2.35)$$

F: Faraday-Konstante (96485 C $\times$ mol^{-1} bzw. A $\times$ s^{-1} mol^{-1})

Der Begriff „Äquivalent" gibt einen Hinweis darauf, daß es sich um den Betrag einer auf die Ladungseinheit 1 bezogenen Größe handelt. Die Äquivalentleitfähigkeit eines Elektrolyten setzt sich aus der Summe der Äquivalentleitfähigkeit des Kations (λ_K) und Anions (λ_A) zusammen:

$$\Lambda = \lambda_K + \lambda_A \qquad (2.36)$$

Die Multiplikation der Äquivalentleitfähigkeit λ_K bzw. λ_A mit Konzentration und Ladung ergibt dann die Leitfähigkeit eines Elektrolyten:

$$\kappa = \lambda_K \times c \times |z_K| + \lambda_A \times c \times |z_A| \; [\Omega^{-1}\, cm^{-1}] \qquad (2.37)$$

c: Konzentration des Elektrolyten in mol $\times$ L^{-1}
z_K, z_A: Wertigkeit von Kation bzw. Anion

2.5.3 Temperaturkorrektur

Da die Leitfähigkeit sehr stark temperaturabhängig ist, muß die Leitfähigkeit natürlicher Wässer zur Vergleichbarkeit immer auf die gleiche Temperatur bezogen werden. Dies ist nach deutscher und internationaler Norm 25 °C. Die Messung muß entweder bei dieser Temperatur durchgeführt oder mittels eines Korrekturfaktors umgerechnet werden (siehe Tabelle 2.5):

$$\kappa_{25} = \kappa_T \times f \qquad (2.38)$$

κ_{25}: Leitfähigkeit bei 25 °C
κ_T: aktuell gemessene Leitfähigkeit bei einer Temperatur T
f: Korrekturfaktor, der Tabelle 2.5 entnommen werden kann

Tabelle 2.5: Temperaturkorrekturfaktor f_{25} für die Umrechung von Meßwerten der elektrischen Leitfähigkeit von natürlichen Wässern bei der Meßtemperatur T auf 25 °C (aus DEV, C8)

	f_{25}									
T in °C	0,0	0,1	0,2	0,3	0,4	0,5	0,6	0,7	0,8	0,9
0	1,918	1,912	1,906	1,899	1,893	1,887	1,881	1,875	1,869	1,863
1	1,857	1,851	1,845	1,840	1,834	1,828	1,822	1,817	1,811	1,805
2	1,800	1,794	1,788	1,783	1,777	1,772	1,766	1,761	1,756	1,750
3	1,745	1,740	1,734	1,729	1,724	1,719	1,713	1,708	1,703	1,698
4	1,693	1,688	1,683	1,678	1,673	1,668	1,663	1,658	1,653	1,648
5	1,643	1,638	1,634	1,629	1,624	1,619	1,615	1,610	1,605	1,601
6	1,596	1,591	1,587	1,582	1,578	1,573	1,569	1,564	1,560	1,555
7	1,551	1,547	1,542	1,538	1,534	1,529	1,525	1,521	1,516	1,512
8	1,508	1,504	1,500	1,496	1,491	1,487	1,483	1,479	1,475	1,471
9	1,467	1,463	1,459	1,455	1,451	1,447	1,443	1,439	1,436	1,432
10	1,428	1,424	1,420	1,416	1,413	1,409	1,405	1,401	1,398	1,394
11	1,390	1,387	1,383	1,379	1,376	1,372	1,369	1,365	1,362	1,358
12	1,354	1,351	1,347	1,344	1,341	1,337	1,334	1,330	1,327	1,323
13	1,320	1,317	1,313	1,310	1,307	1,303	1,300	1,297	1,294	1,290
14	1,287	1,284	1,281	1,278	1,274	1,271	1,268	1,265	1,262	1,259
15	1,256	1,253	1,249	1,246	1,243	1,240	1,237	1,234	1,231	1,228
16	1,225	1,222	1,219	1,216	1,214	1,211	1,208	1,205	1,202	1,199
17	1,196	1,193	1,191	1,188	1,185	1,182	1,179	1,177	1,174	1,171
18	1,168	1,166	1,163	1,160	1,157	1,155	1,152	1,149	1,147	1,144
19	1,141	1,139	1,136	1,134	1,131	1,128	1,126	1,123	1,121	1,118
20	1,116	1,113	1,111	1,108	1,105	1,103	1,101	1,098	1,096	1,093
21	1,091	1,088	1,086	1,083	1,081	1,079	1,076	1,074	1,071	1,069
22	1,067	1,064	1,062	1,060	1,057	1,055	1,053	1,051	1,048	1,046
23	1,044	1,041	1,039	1,037	1,035	1,032	1,030	1,028	1,026	1,024
24	1,021	1,019	1,017	1,015	1,013	1,011	1,008	1,006	1,004	1,002
25	1,000	0,998	0,996	0,994	0,992	0,990	0,987	0,985	0,983	0,981
26	0,979	0,977	0,975	0,973	0,971	0,969	0,967	0,965	0,963	0,961
27	0,959	0,957	0,955	0,953	0,952	0,950	0,948	0,946	0,944	0,942
28	0,940	0,938	0,936	0,934	0,933	0,931	0,929	0,927	0,925	0,923
29	0,921	0,920	0,918	0,916	0,914	0,912	0,911	0,909	0,907	0,905
30	0,903	0,902	0,900	0,898	0,896	0,895	0,893	0,891	0,889	0,888
31	0,886	0,884	0,883	0,881	0,879	0,877	0,876	0,874	0,872	0,871
32	0,869	0,867	0,865	0,864	0,863	0,861	0,859	0,858	0,856	0,854
33	0,853	0,851	0,850	0,848	0,846	0,845	0,843	0,842	0,840	0,839
34	0,837	0,835	0,834	0,832	0,831	0,829	0,828	0,826	0,825	0,823
35	0,822	0,820	0,819	0,817	0,816	0,814	0,814	0,811	0,810	0,808

Die in Tabelle 2.5 angegebenen Temperaturkorrekturfaktoren sind Mittelwerte aus Messungen einer Anzahl natürlicher Wässer. Es muß daher darauf hingewiesen werden, daß diese Tabellenwerte nur auf Messungen an solchen Wässern anzuwenden sind, deren Zusammensetzung natürlichen Grund-, Quell- oder Oberflächenwässern vergleichbarer qualitativer und relativ quantitativer Zusammensetzung entspricht (Kationen: überwiegend Ca^{2+}, untergeordnet Mg^{2+}; Anionen: überwiegend HCO_3^-, untergeordnet SO_4^{2-}, Cl^-, NO_3^-; κ_{25} etwa zwischen 60 und 1 000 $\mu S \times cm^{-1}$). Insbesondere sind sie nicht für Kaliumchloridlösungen geeignet, wie sie für die Kalibrierung der Leitfähigkeitsmeßzellen verwendet werden. Die Kalibrierung ist daher unbedingt bei 25,0 (± 0,1) °C durchzuführen. Angesichts dieser Probleme ist es auch möglich, eine Temperatur/Leitfähigkeitsgerade für den untersuchten Gewässertyp aufzustellen.

2.5.4 Meßtechnik und Meßgeräte

Wie oben dargelegt, dient die Leitfähigkeit κ der vergleichenden Kennzeichnung von Stromleitern. Ein Meßgerät kann jedoch nur einen Widerstand R bzw. einen Leitwert G erfassen.

Es ist nun die Meßzelle, die den benötigten Zusammenhang herstellt, indem sie, bedingt durch ihre Form, eine Länge L und einen Querschnitt A des Stromleiters begrenzt (vergleiche Gleichung 2.33).

Das Verhältnis Länge zu Querschnitt wird als **Zellkonstante** oder Zellfaktor K bezeichnet.

$$K = \frac{L}{A}, \qquad (2.39)$$

so daß gilt:

$$\kappa = G \times K \qquad (2.40)$$

Die Zellkonstante wird durch Eichlösungen ermittelt. Neben dieser geometrischen Größe K ist eine Meßzelle durch das Polarisationsverhalten an ihren Elektrodenflächen gekennzeichnet. Unter Polarisation einer Leitfähigkeitsmeßzelle sind alle Effekte zusammengefaßt, die an der Grenzfläche Metall zu Flüssigkeit bei Stromfluß auftreten und die Leitfähigkeit der Lösung kleiner bzw. die Zellenkonstante größer erscheinen lassen. Polarisationseffekte lassen sich durch Anlegen einer hochfrequenten Wechselspannung minimieren und sinken mit steigender Elektrodenfläche. Als besonders geeignetes Elektrodenmaterial erweist sich Platin, welches durch Platinierung, d. h. Auftragen einer dünnen Schicht feinst verteilten Platins (sogenanntes Platinmohr), eine sehr hohe Oberfläche erhält. Die Messung erfolgt über sogenannte Konduktometer, wobei die Wheatstonesche Meßbrücke das klassische Meßprinzip darstellt (vergleiche Lehrbücher der Physikalischen Chemie).

Moderne Meßgeräte messen den Strom bei einer vorgegebenen Spannung, woraus sich über das Ohmsche Gesetz der Leitwert G bzw. die Leitfähigkeit κ ergibt. Diese Geräte benötigen im Vergleich zur Meßbrücke einen hochstabilen Wechselspannungsgeber sowie einen präzisen Strommesser und sind damit aufwendiger als die Meßbrücke.

2.5.5 Literatur

Bücher

Rommel, K. *Die kleine Leitfähigkeits-Fibel. Einführung in die Konduktometrie für Praktiker.* Weilheim (WTW-Selbstverlag) 1980.

Deutsche Einheitsverfahren zur Wasser-, Abwasser- und Schlammuntersuchung, C 8, *Bestimmung der elektrischen Leitfähigkeit.* Weinheim (VCH).

Versuch 6: Bestimmung der Zellkonstanten eines Konduktometers

Aufgaben

1. Bestimmen Sie die Zellkonstante eines Konduktometers
2. Bestimmen Sie die Leitfähigkeit einer Wasserprobe und berechnen Sie κ_{25} für diese Probe.

Durchführung

Geräte und Reagenzien

- 1 Konduktometer mit Einstellknopf für die Zellkonstante
- 0,01 mol × L^{-1} KCl-Lösung

- 0,001 mol × L^{-1} KCl-Lösung
- 1 Thermostat (25 °C +/– 0,1 °C)
- 1 Thermometer

Durchführung von Aufgaben 1 und 2

Berechnen Sie zunächst κ_{25} zweier KCl-Lösungen mit c = 0,01 bzw. 0,001 mol × L^{-1} (Äquivalentleitfähigkeit: Λ_{25} = 141,3 S × cm^2 mol^{-1}).

Füllen Sie ca. 20 ml der jeweiligen KCl-Lösung in das thermostatierbare Gefäß und thermostatieren Sie auf 25 °C. Stellen Sie den Drehschalter auf „Zellkonstante" und stellen Sie mit dem Drehknopf den Wert der Zellkonstante auf 1. Wenn Sie jetzt wieder auf „Messung" schalten, messen Sie den Leitwert G (Gleichung 2.40). Die Zellkonstante ergibt sich dann als Quotient aus theoretischer Leitfähigkeit und gemessenem Leitwert. Den Mittelwert aus den ermittelten Zellkonstanten stellen Sie dann wieder am Leitfähigkeitsmeßgerät als Zellkonstante ein. Bestimmen Sie dann die Leitfähigkeit der Wasserprobe sowie deren Temperatur.

2.6 Statistische Methoden in der Wasserchemie

2.6.1 Die wichtigsten Begriffe der Statistik in der analytischen Chemie

Bei der Ermittlung der Konzentration eines bestimmten Stoffes in einer Umweltprobe durch Vergleich mit einer Eichgeraden muß man sich darüber bewußt sein, daß eine Messung zwar sehr genau sein kann, was die Vorhersagequalität aufgrund der Präzision der Eichgerade anbelangt. Dieser Wert muß aber noch lange nicht richtig sein, da sich z. B. die Matrix der Probe von den Lösungen der

Eichstandards unterscheidet (durch Salzgehalt, Eigenfärbung etc.). Man unterscheidet daher die beiden Begriffe:

Richtigkeit (accuracy)

Ein Analysenverfahren arbeitet richtig, wenn der Mittelwert $\bar{x}$ mehrerer Meßwerte (theoretisch unendlich vieler, der Mittelwert $\bar{x}$ geht dann in den Erwartungswert μ über) bei Mehrfachbestimmungen (unter festgelegten Bedingungen) praktisch gleich dem wahren Wert τ ist. Der wahre Wert τ ist als theoretische Größe immer unbekannt und muß deshalb durch Konventionen, z. B. Bezug auf Referenzstandards oder Standardmaterialien, definiert werden.

Präzision (precision)

Unter Präzision versteht man das Maß an Übereinstimmung zwischen Ergebnissen, wie sie bei wiederholter Anwendung eines festgelegten Analysenverfahrens gewonnen werden. Durch Überwachung der Präzision werden zufällige Fehler erfaßt. Die Maßzahl hierzu ist die Standardabweichung s.

Es ist offensichtlich, daß bei dem Begriff der Präzision die Güte der Regressionsgerade eingeht, die qualitativ durch deren Prognosebereich dargestellt werden kann. Je enger die Hyperbeln des Prognosebereichs an der Regressionsgeraden liegen, desto höher ist die Präzision (vergleiche Abbildung 2.6).

Prognoseintervall

Das Prognoseintervall einer über die Eichfunktion ermittelten Konzentration $\hat{x}$ kann mit Hilfe der Gleichung 2.41 berechnet werden (vergleiche Abbildung 2.6). Je kleiner das Prognoseintervall, desto genauer ist die Vorhersage durch die Eichfunktion. Der wahrscheinlichste Wert für die ermittelte Konzentration $\hat{x}$ liegt mit der gewählten statistischen Sicherheit (z. B. P = 95 %) zwischen den Prognoseintervallgrenzen $\hat{x}_1 < \hat{x} < \hat{x}_2$.

$$\hat{x}_{1,2} = \hat{x} \pm \mathrm{VB}\hat{x}$$

VB$\hat{x}$: Prognoseintervall

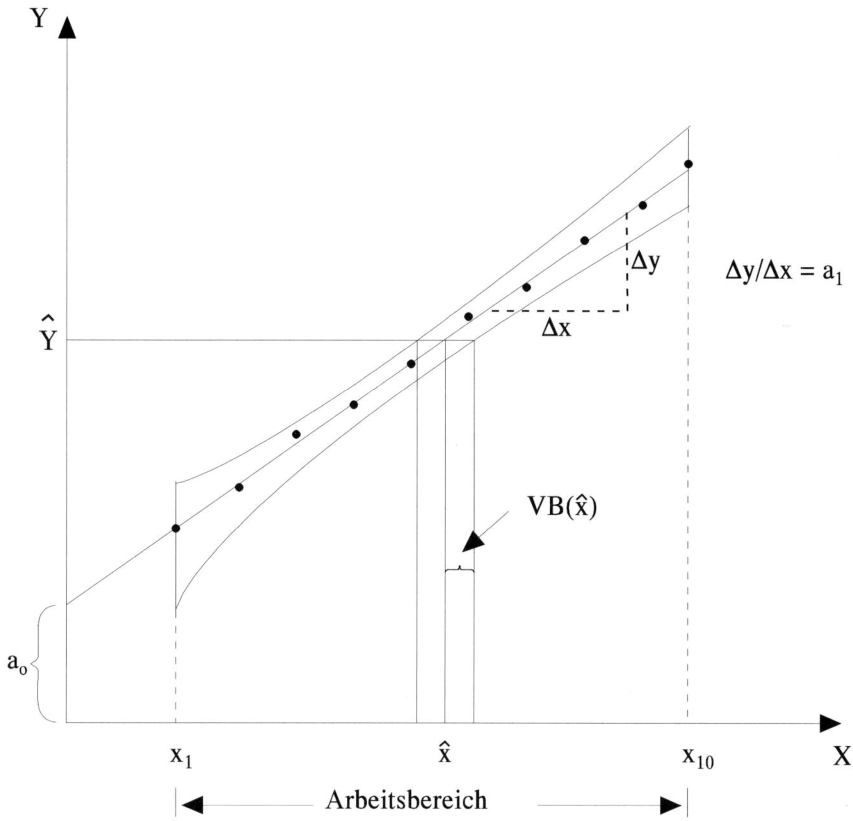

2.6 Arbeitsbereich (aufgespannt durch die Standardkonzentrationen x_1 bis x_{10}), Eichgerade und Analysenresultat mit Prognoseintervall (nach Funk et al., 1985).

$$\hat{x}_{1,2} = \frac{\hat{y} - a_o}{a_1} \pm \frac{s_y}{a_1} \times t \times \sqrt{\frac{1}{N} + \frac{1}{\hat{N}} + \frac{\left(\hat{y} - \overline{y}\right)^2}{a_1^2 \times \sum \left(x_i - \overline{x}\right)}} \qquad (2.41)$$

$\hat{y}$: Informationswert einer Analysenprobe (z. B. die Absorption bei photometrischen Bestimmungsverfahren)

a_0: Ordinatenabschnitt der Eichfunktion

a_1: Steigung der Eichfunktion

s_y: Reststandard- oder Residualabweichung

$$s_y = \sqrt{\frac{\sum (y_i - \hat{y}_i)^2}{N-2}} \tag{2.42}$$

y_i: Informationswert der Standardkonzentration x_i
$_i$: über die Eichfunktion „errechneter“ Informationswert der Standardkonzentration x_i
N: Anzahl der verwendeten Standardkonzentrationen (inklusive Parallelmessungen)
$\hat{N}$: Anzahl der Parallelbestimmungen an der Analysenprobe
$\bar{y}$: Mittelwert der Informationswerte der Standardkonzentrationen x_i
$\bar{x}$: Mittelwert der Standardkonzentrationen x_i
x_i: Standardkonzentration
t: Faktor, der mit N-2 Freiheitsgraden für P = 95 % aus der Students-t-Verteilung entnommen werden kann (zweiseitiger t-Test).

Je niedriger der Informationswert wird, desto größer das Prognoseintervall, um so unpräziser das Meßergebnis. Die Unsicherheit wird so groß, daß irgendwann die Konzentration $\hat{x}$ nicht mehr quantitativ bzw. unterhalb eines bestimmten Informationswertes auch nicht mehr qualitativ erfaßt werden kann. Man hat dafür folgende Begriffe definiert:

Bestimmungsgrenze

Unter der **Bestimmungsgrenze** XB eines Analysenverfahrens (*limit of determination*) versteht man jene kleinste Menge oder Konzentration eines Stoffes, die mit der geforderten statistischen Sicherheit (z. B. P = 95 %) bei einmaliger Analyse quantitativ mit einem Fehlerrisiko von ≤ 5 % bestimmt werden kann.

Nachweisgrenze

Die **Nachweisgrenze** XN eines Analysenverfahrens (*limit of detection*) ist jene kleinste Menge oder Konzentration eines Stoffes, die mit einer geforderten statistischen Sicherheit bei einmaliger Analyse (z. B. P = 95 %) mit einem Fehlerrisiko von 5 % qualitativ nachgewiesen werden kann. Sie liegt damit unterhalb der Bestimmungsgrenze.

Die Güte eines Analysenverfahrens wird im wesentlichen durch die aus der Eichung gewonnenen Kenndaten s_y (Reststandardabweichung) und a_1 (Empfindlichkeit) bestimmt. Dabei bezeichnet die Reststandardabweichung die mittlere quadratische Abweichung der gemessenen Informationswerte von den über die Eichfunktion vorhergesagten Informationswerten.

Die Güte eines Analysenverfahrens läßt sich über die **Verfahrensstandardabweichung** s_{x0}

$$s_{x0} = \frac{s_y}{a_1} \tag{2.43}$$

beschreiben. Bei gleicher Reststandardabweichung liefert demnach das empfindlichere Analysenverfahren (größere Steigung a_1 der Eichgeraden) eine geringere Verfahrensstandardabweichung s_{x0}.

Das Maß für die **Streuung der Steigung**, s_{a1}, errechnet sich durch Normierung der Reststandardabweichung s_y auf die quadratische Abweichung der Eichkonzentrationen von deren Mittelwert:

$$s_{a1} = \frac{s_y}{\sqrt{\sum (x_i - \bar{x})^2}} \tag{2.44}$$

2.6.2 Ermittlung der Bestimmungsgrenze mit Hilfe einer Eichkurve (Eichkurvenverfahren)

Bei diesem Verfahren werden zur Berechnung der Bestimmungsgrenze Kenndaten herangezogen, die einer im Labor gebräuchlichen Eichkurve des zugrunde liegenden Verfahrens entstammen. Eine solche Eichkurve deckt normalerweise nicht den unteren Konzentrationsbereich ab, wo die Nachweis- und Bestimmungsgrenzen ermittelt werden sollen. Der untere Konzentrationsbereich muß demnach durch neu zu erstellende Eichkurven untersucht werden.

Die zur Ermittlung sowohl der Nachweis- als auch der Bestimmungsgrenze erforderlichen Stoffmengen zum Ansetzen der Eichstandards können folgendermaßen festgelegt werden:

Eine im Labor gebräuchliche Eichkurve wird auf den Konzentrationswert $\hat{x} = 0$ extrapoliert und der zugehörige Vertrauensbereich $VBx(x = 0)$ berechnet.

$$VBx(x = 0) = s_{x0} \times t \times \sqrt{\frac{1}{N} + 1 + \frac{(0 - \bar{x})^2}{\sum (x_i - \bar{x})^2}} \tag{2.45}$$

s_{x0}: Verfahrensstandardabweichung (Gleichung 2.43)

Die Eichkonzentrationen werden dann in der folgenden Reihenfolge gewählt:

$x_1 = 1 \times VBx(x = 0)$
$x_2 = 2 \times VBx(x = 0)$
...
$x_{10} = 10 \times VBx(x = 0)$

Mit diesen Konzentrationen wird das gesamte Eichexperiment nach der Analysenvorschrift durchgeführt. Auf die Einhaltung der Äquidistanz zwischen den Konzentrationen des Eichstandards ist unbedingt zu achten. Vbx (x = 0) wird auch als Stufenabstand zur Ermittlung der Bestimmungsgrenze mit Hilfe des Eichkurvenverfahrens bezeichnet. Die Bestimmungsgrenze XB ermittelt man entsprechend den nachfolgenden Gleichungen. Die Berechnung der Nachweisgrenze erfolgt ähnlich, ist hier aber nicht explizit beschrieben (vergleiche Funk et al., 1985).

Berechnung der Bestimmungsgrenze

Die Berechnung ist etwas kompliziert, illustriert aber dennoch, wo die Grenzen der Aussagefähigkeit einer Messung liegen. Man ermittelt zunächst wiederum den Vertrauensbereich für x = 0 (siehe auch Abbildung 2.7) aus der nach den obigen Vorschriften erstellten Eichgeraden.

$$x_c = VBx(x = 0)$$

$$x_c = s_{x0} \times t \times \sqrt{\frac{1}{N} + 1 + \frac{\bar{x}^2}{\sum (x_i - \bar{x})^2}} \qquad (2.46)$$

Die Hilfsgröße y_h stellt die obere vertikale Vertrauensbereichsgrenze für $x = x_c$ dar.

$$y_h = a_0 + 2 \times VBy(x = x_c)$$

$$y_h = a_0 + 2 \times s_y \times t \times \sqrt{\frac{1}{N} + 1 + \frac{(x_c - \bar{x})^2}{\sum (x_i - \bar{x})^2}} \qquad (2.47)$$

Schließlich kann die Bestimmungsgrenze berechnet werden als die rechte Vertrauensbereichsgrenze der Konzentration x_h, die zu der oberen horizontalen Vertrauensbereichsgrenze von x_c korrespondiert.

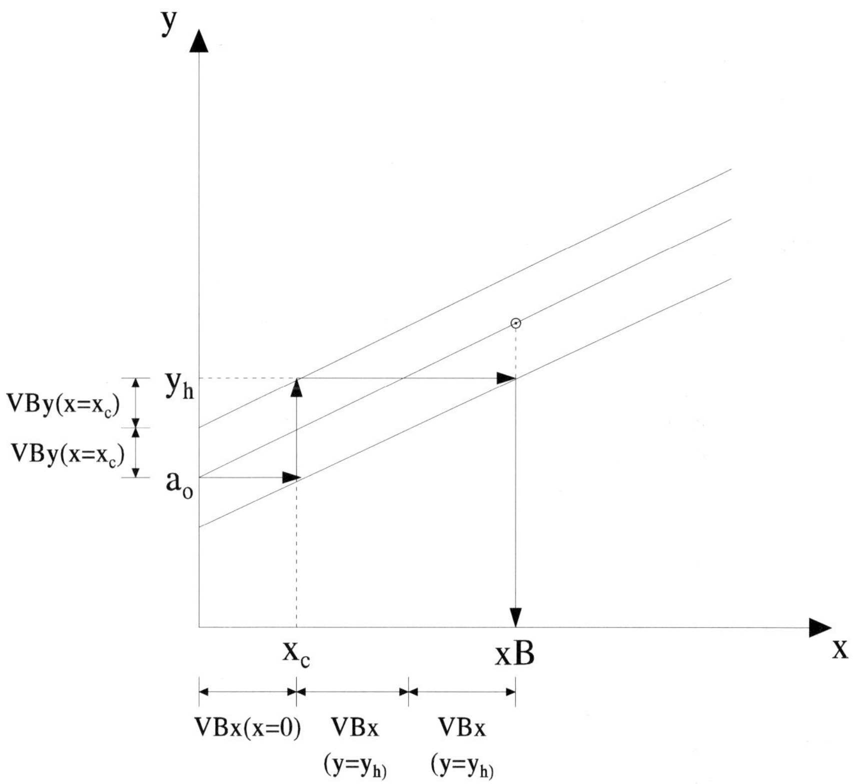

2.7 Ermittlung der Hilfsgrößen x_c und y_h zur Berechnung der Bestimmungsgrenze (nach Funk et al., 1985).

$$XB = x(y = y_h) + VBx(y = y_h)$$

$$XB = \frac{y_h - a_0}{a_1} + s_{x0} \times t \times \sqrt{\frac{1}{N} + 1 + \frac{(y_h - \bar{y})^2}{a_1^2 \times \sum (x_i - \bar{x})^2}} \qquad (2.48)$$

Qualitativ läßt sich abschätzen, daß sich das Prognoseintervall vergrößert und die Bestimmungsgrenze erhöht, wenn die Anzahl der Standardkonzentrationen N, die zur Erstellung der Eichfunktion verwendet wurde, klein ist (kritisch bei N < 5). Auf das (ganz ähnliche) Berechnungsschema für die Nachweisgrenze sowie ein detailliertes Berechnungsbeispiel wird hier verzichtet und auf Funk et al. (1985, S. 74) verwiesen.

Generell ist bei der Beurteilung von Nachweis- und Bestimmungsgrenze zu beachten, daß diese lediglich Schätzwerte und keine konstanten Größen sind. Sie sind abhängig von:

1. der Anzahl N der gewählten Eichkonzentrationen;
2. der Lage und Größe des Arbeitsbereiches (x_1 bis x_{10});
3. der Verteilung der Eichkonzentrationen im Arbeitsbereich (Äquidistanz);
4. der gewählten statistischen Sicherheit (P %);
5. der Unsicherheit der Eichfunktion (Prognoseintervalle).

2.6.3 Anwendung des Standardadditionsverfahrens

Das Standardadditionsverfahren wird angewandt, wenn zu erwarten ist, daß die Matrix einer Probe, d. h. deren chemische Zusammensetzung, das zu detektierende Signal – die Information – beeinflußt. So kann z. B. die Absorption eines Farbkomplexes in einer realen Probe durch Inhaltsstoffe mit beeinflußt werden, die bei den im allgemeinen in deionisiertem, destillierten oder ultrafiltrierten Wasser angesetzten Standards für die Eichkurven fehlen.

Um den Einfluß der Matrix auf das Analysensignal zu minimieren, wird eine Kalibrierung in der Analysenprobe durchgeführt. Dazu gibt man Aliquote einer Standardlösung zu einer Wasserprobe, die aber bereits eine unbekannte Konzentration des Analyten enthält.

Durchführung der Standardaddition

Mittels des gemessenen Informationswertes y_0 wird der Probengehalt x_0 über die bekannte Eichfunktion abgeschätzt. Die Urprobe sollte nun in 4 äquidistanten Konzentrationsschritten aufgestockt werden, so daß die maximal zugesetzte Aufstockmenge des Analyten eine Konzentration $x_{A4} \approx x_0$ ergibt. Hierbei ist darauf zu achten, daß die Konzentration der am höchsten aufgestockten Probe ($x_0 + x_{A4}$) innerhalb des linearen Bereichs des Analysenverfahrens liegt. Ist dies nicht der Fall, sollte die größte Aufstockkonzentration x_{A4} so gewählt werden, daß diese Bedingung erfüllt wird.

Beispiel:
$x_0 = 12 \text{ mg} \times \text{L}^{-1}$ daraus ergibt sich $x_{A4} = 12 \text{ mg} \times \text{L}^{-1}$

Die Gesamtkonzentration (x_0 + x_4 = 24 mg × L^{-1}) sollte noch innerhalb des linearen Arbeitsbereiches des Analysenverfahrens liegen. Dann ergeben sich die aus x_{A4} zu errechnenden Konzentrationen der anderen Standardlösungen zur Aufstockung (mit 12/4 [mg × L^{-1}] zu:

x_{A1} = 3 mg × L^{-1}
x_{A2} = 6 mg × L^{-1}
x_{A3} = 9 mg × L^{-1}
x_{A4} = 12 mg × L^{-1}

Mit Hilfe dieser 5 Konzentrationen (x_0, x_{A1} ... x_{A4}) wird nun eine Eichfunktion mit den Informationswerten y_0, y_{A1} ... y_{A4} erstellt.

In der Praxis ist häufig festzustellen, daß diese vorgeschlagene optimale Vorgehensweise nicht realisierbar ist; dennoch sollte sich der Analytiker an dieser Regel orientieren. Der Vorschlag, bei der Standardaddition in der Routine vier Aufstockkonzentrationen zu verwenden, stellt einen Kompromiß zwischen der gewünschten Genauigkeit des Analysenergebnisses und dem noch in der Routine vertretbaren Aufwand dar. Je geringer die Zahl der Aufstockungen, desto breiter wird natürlich auch das Prognoseintervall (vergleiche Abschnitt 2.6.2).

Die Standardlösungen der zu bestimmenden Substanz werden so angefertigt, daß die Aufstockvolumina möglichst gering im Verhältnis zum Probenvolumen bleiben. Grundsätzlich verfälscht die Standardaddition jede Matrix, jedoch ist der Fehler bei gering gewählten Aufstockvolumina hinreichend klein. Aus diesem Grunde sollte man eine entsprechend konzentrierte Stammlösung des Analyten herstellen.

Aus den 5 Wertepaaren wird über eine lineare Regression eine Aufstockeichfunktion mit dem dazugehörenden Prognoseintervall berechnet (Abbildung 2.8, vergleiche Abschnitt 2.6.2). Zuvor muß von den Informationswerten der Blindmeßwert y_B abgezogen werden. Er entspricht dem y-Achsenabschnitt a_0 der unter 2.6.2 bestimmten Eichfunktion oder einem direkt gemessenen **Blindwert**.

Die Aufstockeichfunktion einschließlich des Prognoseintervalls wird auf die Abszisse extrapoliert. Obwohl nach dieser Berechnung die Konzentration ein negatives Vorzeichen (–x) besitzt, wird als Ergebnis deren Betrag angegeben. Das Prognoseintervall ist an der Stelle $\hat{y}_0$ bzw. x_0 zu berechnen.

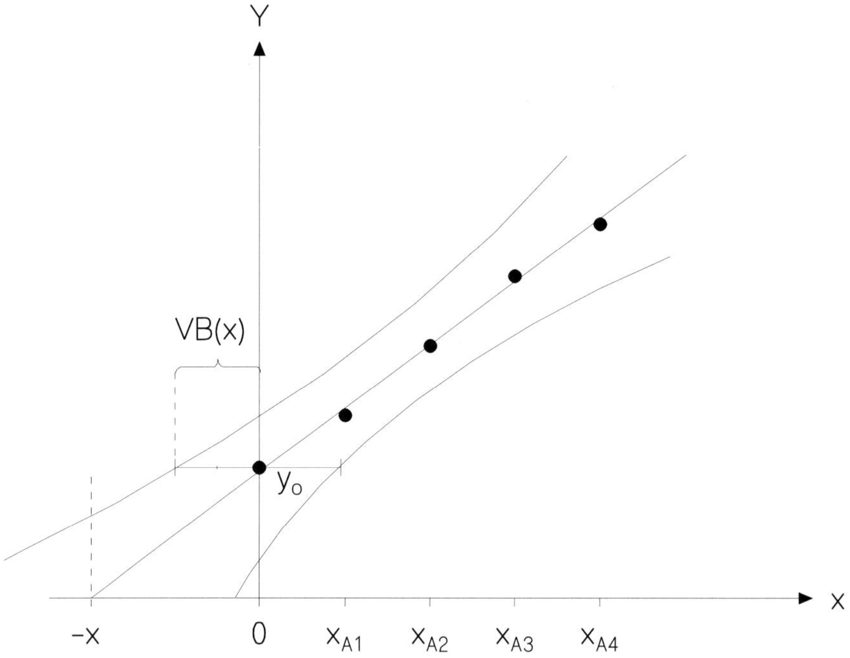

2.8 Ermittlung der Konzentration einer Wasserprobe sowie des zugehörigen Prognoseintervalls mit Hilfe des Standardadditionsverfahrens (nach Funk et al., 1985).

Das Analysenergebnis besitzt ein relativ breites Prognoseintervall, da die Konzentration der Originalprobe dem kleinsten Wert für die Aufstockeichung entspricht und die Hyperbeläste hier stärker divergieren.

2.6.4 Literatur:

Bücher

Funk, W.; Dammann, V.; Vonderheid, C.; Oehlmann, G. *Statistische Methoden in der Wasseranalytik, Weinheim* (VCH) 1985.

Versuch 7: Ermittlung der Bestimmungsgrenze für die spektralphotometrische Bestimmung von Nitrit

Aufgaben

1. Aufstellung einer Eichgerade für die Nitritbestimmung.
2. Berechnen Sie den Stufenabstand zwischen zwei Eichkonzentrationen mit Hilfe der Gleichung 2.45, der nötig ist, um die Bestimmungsgrenze des Verfahrens mit Hilfe der Eichkurvenmethode zu ermitteln.
3. Ermittlung der Bestimmungsgrenze.

Durchführung

Chemismus

Nitrit reagiert mit Sulfanilsäure in essigsaurer Lösung und bildet ein Diazoniumsalz. Durch Hinzugabe von α-Naphtylamin entsteht über eine Azo-Kupplung ein rotvioletter Farbstoff.

Geräte und Reagenzien

- Naphtylamin-Reagenz (Reagenz 1)
- 100 %ige Essigsäure (Reagenz 2)
- 20-ml-Vollpipette
- 1-ml-Vollpipette
- 5-ml-Vollpipette
- mehrere 10-ml-Vollpipetten
- mehrere 100-ml-Erlenmeyerkolben
- mehrere 100-ml-Meßkolben

Anleitung zur Herstellung der Reagenzien für die Nitrit-Bestimmung

1. Naphtylamin-Reagenz (Reagenz 1):
   1 g p-Sulfanilsäure und 50 g Na-Acetat werden in ca. 50 ml bidestilliertem Wasser gelöst. Dazu wird 0,1 g α-Naphtyl-

amin in 5 ml Essigsäure (100 %) und 95 ml bidestilliertem Wasser gelöst hinzugegeben und auf 200 ml mit bidestilliertem Wasser aufgefüllt.

2. Essigsäure (100 %, p. a.) (Reagenz 2).

Aufgabe 1

Erstellen einer Laboreichreihe

Zu 20 ml der jeweiligen Standardlösungen (6 Standards aus einer Stammlösung von 0,01 mol $\times$ L^{-1} $NaNO_2$) gibt man nacheinander 1 ml Reagenz 1 und 5 ml Reagenz 2 (Zugabe der Essigsäure unter dem Abzug). Ebenso verfährt man für den Blindwert (20 ml bidestilliertes Wasser). Nach 15 Minuten wird bei 530 nm die Absorption gemessen.

Anwendungsbereich:
5×10^{-7} mol $\times$ L^{-1} – 1×10^{-5} mol $\times$ L^{-1} NO_2^-.

Aufgabe 2

Berechnung des Stufenabstands VB(x = 0).

Aufgabe 3

Die Eichung wird wie unter Aufgabe 1 mit 10 Standardlösungen wiederholt. Die Konzentration der Standardlösungen berechnet sich als ganzzahliges Vielfaches des Stufenabstandes VB(x = 0) (vergleiche Abschnitt 2.6.2). Die Bestimmungsgrenze kann dann mit Hilfe von Gleichung 2.48 ermittelt werden.

Versuch 8: Bestimmung von Nitrat mittels konventioneller Eichung und Standardadditionsverfahren

Aufgaben

1. Spektralphotometrische Bestimmung des Nitratgehaltes einer Wasserprobe mit einer konventionellen Eichkurve.
2. Spektralphotometrische Bestimmung des Nitratgehaltes einer Wasserprobe mit dem Standardadditonsverfahren.

Durchführung der spektralphotometrische Bestimmung von Nitrat nach Zimmermann (1979)

Chemismus

Nitrat wird im alkalischen Bereich mit Hilfe von metallischem Zink zu Nitrit reduziert. Es wird in Form von Nitrit kolorimetrisch gemessen (vergleiche Versuch 7).

Geräte und Reagenzien

- Zinkstaub p. a., feinst
- Natronlauge ($c = 5 \text{ mol} \times L^{-1}$)
- Reagenz 1 (vergleiche Versuch 7)
- Reagenz 2 (vergleiche Versuch 7)
- 40-ml-Vollpipette
- 2-ml-Vollpipette
- 20-ml-Vollpipette
- 1-ml-Vollpipette
- 5-ml-Vollpipette
- mehrere 10-ml-Vollpipetten
- mehrere 200-ml-Erlenmeyerkolben
- mehrere 100-ml-Meßkolben
- Schüttler
- Zentrifuge
- Mikroliterpipette

Aufgabe 1

Hinweis

Typischerweise findet man Nitratkonzentrationen zwischen 0,1 und 1 mmol × L^{-1}. Dementsprechend sind bei der konventionellen Eichmethode (Aufgabe 1) von jeder Parallele zwei Verdünnungen herzustellen (z. B. 1:10 und 1:50) sowie zwei Blindwerte zu messen.

Eichreihe

Erstellen Sie eine Verdünnungsreihe mit Standards (Stammlösung 10^{-1} mol × L^{-1} $NaNO_3$) für den Anwendungsbereich 10^{-6} mol × L^{-1} bis 2 × 10^{-5} mol × L^{-1} NO_3^-.

Arbeitsvorschrift

In 200-ml-Erlenmeyerkolben sind je 40 ml Probe, Blindwert und Standards zu pipettieren, 2 ml Natronlauge und 1 g Zinkstaub zuzugeben und 30 Minuten auf dem Schüttler intensiv zu schütteln. Die im Verhältnis zum Probenvolumen relativ großen Kolben sind notwendig, um genügend Kontaktfläche der Lösung während des Schüttelvorgangs mit dem schweren Zinkstaub zu gewährleisten. Von den Erlenmeyerkolben werden ca. 30 ml in Zentrifugengläser dekantiert und in einer Zentrifuge abgeschleudert. Von der klaren Lösung nimmt man 20 ml ab und versetzt sie nacheinander mit 1 ml Reagenz 1 und 5 ml Reagenz 2. Dann erfolgt die photometrische Messung.

Hinweis

Sobald ein Schätzwert für die Nitratkonzentration existiert (optische Übereinstimmung zwischen Probe und einem Standard), kann mit Aufgabe 2 fortgefahren werden.

Aufgabe 2

In der Probe müssen ca. 25 %, 50 %, 75 % bzw. 100 % des unter Aufgabe 1 bestimmten (abgeschätzten) Konzentrationswertes als Nitratstandardlösung mit Hilfe einer Mikroliterpipette zugegeben werden. Die Zugabe muß in möglichst kleinen Volumina erfolgen, damit sie gegen das Volumen der Probe vernachlässigt werden kann. Die Proben werden wie unter Aufgabe 1 weiterverarbeitet. Achten Sie bei der Berechnung der Konzentration der Aufstockungsstandards darauf, daß der lineare Meßbereich (2×10^{-5} mol $\times$ L^{-1}) nicht überschritten wird.

Beispiel:

$c(NO_3) = 1 \times 10^{-5}$ mol $\times$ L^{-1} (aus Eichkurve) $\rightarrow$
$c_{Add} = 2{,}5 \times 10^{-6}$ mol $\times$ L^{-1}
$c_{Add} = 5 \times 10^{-6}$ mol $\times$ L^{-1}
$c_{Add} = 7{,}5 \times 10^{-6}$ mol $\times$ L^{-1}
$c_{Add} = 1 \times 10^{-5}$ mol $\times$ L^{-1}

Ausgangsstandard: 0,1 mol $\times$ L^{-1} $NaNO_3$
Probenvolumen: exakt 40 ml
Zwischenverdünnung: 1 : 10 $\rightarrow$ 0,01 mol $\times$ L^{-1} $NaNO_3$

Zugabe von 10 μl 0,01 mol $\times$ L^{-1} zu 40 ml $\rightarrow$ $2{,}5 \times 10^{-6}$ mol $\times$ L^{-1}
Zugabe von 20 μl 0,01 mol $\times$ L^{-1} zu 40 ml $\rightarrow$ 5×10^{-6} mol $\times$ L^{-1}
Zugabe von 30 μl 0,01 mol $\times$ L^{-1} zu 40 ml $\rightarrow$ $7{,}5 \times 10^{-6}$ mol $\times$ L^{-1}
Zugabe von 40 μl 0,01 mol $\times$ L^{-1} zu 40 ml $\rightarrow$ 1×10^{-5} mol $\times$ L^{-1}

Hinweis

Zur genauen Bestimmung des Nitrat-Stickstoffs muß eigentlich der vorher in der Probe bestimmte Nitrit-Stickstoff abgezogen werden. Jedoch beträgt die Nitritkonzentration im allgemeinen nur einen kleinen Bruchteil der Nitratkonzentration, so daß dieser Fehler im Rahmen dieses Versuchs vernachlässigbar ist.

Diskussion

1. Berechnen Sie den Vertrauensbereich Ihres jeweiligen Meßwertes (Abschnitt Kapitel 2.6.1). Überschneiden sich die Vertrauensbereiche?
2. Testen Sie mit Hilfe eines t-Tests, ob die Steigungen der beiden Eichgeraden gleich sind. Zu diesem Zweck müssen

mit Hilfe eines F-Test die Streuungen der Steigung, s_{a1} (Gleichung 2.44), auf Gleichheit getestet werden. Die Prüfgröße für den F-Test errechnet sich als:

$$P = \frac{s^2_{a1,1}}{s^2_{a1,2}}$$

mit $(N_1 + N_2 - 2)$ Freiheitsgraden, wobei die größere Streuung im Zähler stehen muß, um ein $P > 1$ zu gewährleisten.

Bei Gleichheit der Streuungen kann die Prüfgröße des t-Tests errechnet werden mit

$$t = \left| \frac{a_{1,1} - a_{1,2}}{c} \right| \times \sqrt{\frac{N_1 \times N_2}{N_1 + N_2}}$$

$$c = \sqrt{\frac{(N_1 - 2) \times s^2_{a1,1} + (N_2 - 2) \times s^2_{a1,2}}{N_1 + N_2 - 2}}$$

3. Experimentelle Bestimmung thermodynamischer Kenngrößen

3.1 Bestimmung eines mittleren Aktivitätskoeffizienten von H_3O^+ und Cl^- in Abhängigkeit von der Ionenstärke

3.1.1 Einführung

Stoffe, die im Wasser gelöst sind, können ungeladen sein (viele wasserlösliche organische Verbindungen und Gase) oder aber positive oder negative Ladungsträger (**Elektrolyte**) darstellen. Streng genommen ist diese Unterscheidung jedoch nicht ganz richtig, da auch die wasserlöslichen aber nichtionischen Stoffe dipolaren, d. h. partiell geladenen Charakter haben müssen. Extrem apolare Verbindungen wie Fette sind nur wasserlöslich, wenn ein „Lösungsvermittler" (Detergens) anwesend ist, dessen Molekül sowohl polare oder ionare als auch apolare Molekülteile aufweist. Dementsprechend zeigen die (nicht polaren) Edelgase beispielsweise nur geringe Wasserlöslichkeit.

Der Ladungscharakter von Elektrolyten ist eine Folge der ionischen *Dissoziation* des ursprünglichen Stoffes in Kationen (positive Ladungsträger) und Anionen (negative Ladungsträger) während des Lösungsprozesses. Vollständig dissoziierte Stoffe heißen *starke*, unvollständig dissoziierte *schwache* Elektrolyte. Da beim Entstehen eines Kations immer auch ein gegensätzlich geladenes Anion entstehen muß, bleibt eine Elektrolytlösung als Ganzes immer elektrisch neutral (Neutralitätsbedingung).

Es wäre falsch, anzunehmen, Ionen positiver oder negativer Ladung würden diskret, d.h. ohne Wechselwirkung, mit dem (polaren) Lösungsmittel Wasser existieren. Sie reagieren vielmehr immer mit Wassermolekülen, die dann eine mehr oder weniger stabile Komplexverbindung mit dem Ion eingehen, was sowohl zur Vergrößerung des Ionenradius als auch zur Abschirmung der Ionenladung führt. Nur aus Gründen der Vereinfachung spricht man z.B. von Na^+- oder Cl^--Ionen; man meint aber $[Na \cdot aq]^+$ bzw. $[Cl \cdot aq]^-$, also die entsprechenden **Aquokomplex**-Verbindungen.

Ist die Konzentration einer wäßrigen Elektrolytlösung sehr gering ($\leq 10^{-6}$ mol × L^{-1}), so können wir annehmen, daß die gelöste Stoffmenge pro Volumen oder Gesamtmasse (Stoff und Lösungsmittel) bei chemischen Umsetzungen insgesamt wirksam ist. Jedes gelöste Ion kann ungehindert reagieren und wird dabei nicht durch gleich oder entgegengesetzt geladene Ionen beeinflußt. Die *Konzentration* (Stoffmenge pro Volumen) entspricht also näherungsweise der *Aktivität* (chemisch bzw. thermodynamisch wirksame Stoffmenge pro Volumen). Extrem ionenarmes Wasser tritt jedoch nur im Regenwasser oder in Oberflächenwässern über Grundgebirgen (z.B. Fichtelgebirge, Bayerischer Wald) auf. Der Grenzfall einer unendlich verdünnten **Lösung** ($I \rightarrow 0$) wird als ideale Lösung bezeichnet.

Weltweit beschleunigt sich heute die Versalzung von ionenärmeren Wässern vor allem durch wasserbauliche Maßnahmen, Zerstörung natürlicher Pflanzenbedeckungen und Verunreinigungen von Atmosphäre und Hydrosphäre mit industriellen und häuslichen Abfällen. In konzentrierten Elektrolyt(Salz)-Lösungen ist die Aktivität der gelösten Stoffe jedoch oft wesentlich geringer als in ionenarmen Lösungen. In solchen Fällen spricht man von realen Lösungen und führt zur Berücksichtigung der gegenseitigen Beeinflussung einen für jedes Ion spezifischen Korrekturfaktor γ_i ein, mit dem die aktuelle Konzentration multipliziert werden muß. Damit können die für ideale Lösungen formulierten Gleichungen auch für reale Systeme angewendet werden.

Bei Messungen in realen Systemen wird also zwischen der Aktivität a (der thermodynamisch effektiven Konzentration) und der Konzentration c eines Ions i unterschieden:

$$a(i) = \gamma_i \times c(i) \quad (3.1)$$

γ_i bezeichnet den individuellen **Aktivitätskoeffizienten** eines Ions. Die Aktivität eines Ions ist kleiner oder gleich deren Konzentration und sinkt mit zunehmender Ionenstärke I

$$I = 0{,}5 \times \Sigma\, z_i^2 \times c_i \tag{3.2}$$

z_i: Ladung des Ions i
c_i: Konzentration des Ions i

Der numerische Wert von γ_i ist also immer ≤ 1.

Der individuelle Aktivitätskoeffizient für eine einzelne Ionensorte kann allerdings experimentell nicht bestimmt werden, da immer eine Beeinflussung durch das Gegenion vorhanden ist. Er kann aber, ausgehend von bestimmten Annahmen (Debye-Hückel-Theorie), näherungsweise berechnet werden (siehe Anhang oder z. B. Stumm und Morgan, 1996). Nützlich sind zu diesem Zweck Nomogramme (Frevert, 1983, S. 23 – 25), aus denen mit Hilfe der Ionenstärke und der Ladungszahl der jeweiligen Ionensorte der Aktivitätskoeffizient direkt abgelesen werden kann.

Das Problem, den individuellen Aktivitätskoeffizienten experimentell nicht bestimmen zu können, wird umgangen, wenn man sich mit der Messung eines „mittleren Aktivitätskoeffizienten" $\gamma_\pm$ von Kation und Anion zufriedengibt. Dieser mittlere Aktivitätskoeffizient einer Substanz M_mN_n steht mit deren individuellen Aktivitätskoeffizienten in folgendem Zusammenhang:

$$\gamma_\pm = \sqrt[m+n]{\gamma_+^m \times \gamma_-^n} \tag{3.3}$$

Er kann näherungsweise mit Hilfe **potentiometrischer** Meßketten *ohne Überführung* relativ einfach bestimmt werden. Eine Meßkette ohne Überführung bezeichnet eine Elektrodengeometrie, bei der sich zwei Halbzellen in derselben Lösung befinden. Keine der beiden Halbzellen ist also durch ein Diaphragma von der Meßlösung getrennt. Durch diese Anordnung entsteht kein Diffusionspotential am Diaphragma (vergleiche Abschnitt 2.2).

Einfluß der Ionenstärke auf die Löslichkeit von Salzen

Die Löslichkeit von Salzen ist durch das Löslichkeitsprodukt K_{sp} bestimmt:

$$K_{sp} = a(\text{Kat})^m \times a(\text{An})^n \tag{3.4}$$

$$K_{sp} = \gamma_+^m \times c(\mathrm{Kat})^m \times \gamma_-^n \times c(\mathrm{An})^n \tag{3.5}$$

Eine Erhöhung der Ionenstärke führt zu einer Erniedrigung von γ_+ und γ_-, so daß sich die Konzentration der zu einem schwerlöslichen Salz korrespondierenden Ionen erhöht ($\gamma_+ \times \gamma_- < 1$):

$$c(\mathrm{Kat})^m \times c(\mathrm{An})^n = \frac{K_{sp}}{\gamma_+^m \times \gamma_-^n} \tag{3.6}$$

3.1.2 Meßprinzip

Das Meßprinzip zur Bestimmung der mittleren Aktivitätskoeffizienten besteht in der Messung der EMK zwischen zwei Halbketten, die jeweils auf eine Ionensorte eines gelösten Elektrolyten ansprechen. Die Spannung jeweils einer Halbkette hängt natürlich von der Aktivität der entsprechenden Ionensorte ab, die durch Variation der Gesamtkonzentration des Elektrolyten und damit der Ionenstärke ebenfalls variiert wird.

Im vorliegenden Experiment werden die EMK zwischen einer Glashalbkette und einer Chloridhalbkette in einer schwach konzentrierten HCl-Lösung (10^{-4} mol $\times$ L^{-1}) gemessen und die Ionenstärke durch schrittweise Zugabe von KNO_3 als Inertelektrolyten variiert.

Die EMK dieser Meßanordnung setzt sich aus den beiden Halbkettenpotentialen der Meßketten zusammen:

$$\mathrm{EMK} = E_{\mathrm{Glas}} - E_{\mathrm{Chlorid}} \tag{3.7}$$

Die Herleitung des Potentials der Glashalbkette ist in Abschnitt 2.2 angegeben. Es gilt:

$$E_{\mathrm{Glas}} = E^0_{\mathrm{Glas}} + S_{\mathrm{Glas}} \times \lg a(H_3O^+) \tag{3.8}$$

Bei der Chloridhalbkette handelt es sich um einen AgCl-Preßling, der mit einem Silberdraht in Verbindung steht, also um eine Elektrode zweiter Art. Das Potential der Ag/AgCl-Halbkette (vergleiche auch Abschnitt 3.3.4, Potential der Ag/Ag_2S-Halbkette) leitet sich ab als

$$E_{Cl^-} = E^0_{Ag/Ag^+} + \frac{2{,}3 \times R \times T}{F} \times \lg \frac{K_{sp}(\mathrm{AgCl})}{a(Cl^-)} \tag{3.9}$$

bzw.

$$E_{Cl^-} = E^0_{Cl^-} - S_{Cl^-} \times \lg a(Cl^-)$$

Gleichungen 3.8 und 3.9 eingesetzt in Gleichung 3.7 unter Berücksichtigung von Gleichung 3.1 ergibt die Abhängigkeit der EMK dieser Meßkette vom Aktivitätskoeffizienten und damit von der Ionenstärke:

$$EMK = E^0_{Glas} - E^0_{Cl^-} + S_{Glas} \times \lg \{\gamma_{H_3O^+} \times c(H_3O^+)\} + S_{Cl^-} \times \lg \{\gamma_{Cl^-} \times c(Cl^-)\} \quad (3.10)$$

Für die HCl-Lösung gilt:

$$c(H_3O^+) = c(Cl^-) = c(HCl) \quad (3.11)$$

Außerdem gilt für Konzentrationen $\leq 10^{-2}$ mol $\times$ L^{-1}:

$$\gamma_+ \approx \gamma_- \quad (3.12)$$

Für Konzentrationen $> 10^{-2}$ mol $\times$ L^{-1} haben die individuellen Eigenschaften der Ionen (insbesondere die Größe der solvatisierten Ionen) einen verstärkten Einfluß.

Gleichung 3.3 vereinfacht sich bei der Annahme $\gamma_+ = \gamma_-$ zu

$$\gamma_\pm = \gamma_+ = \gamma_-, \quad (3.13)$$

so daß für die EMK der Meßkette die vereinfachte Beziehung folgt:

$$EMK = E' + (S_{Glas} + S_{Cl^-}) \times \lg \{\gamma_\pm \times c(HCl)\} \quad (3.14)$$

Gleichung 3.14 kann so umgeformt werden, daß die direkte Messung des mittleren Aktivitätskoeffizienten möglich wird.

$$\lg \gamma_\pm = \frac{EMK - E'}{S_{HCl}} - \lg c(HCl) \quad (3.15)$$

mit

$$S_{HCl} = S_{Glas} + S_{Cl^-} \quad (3.16)$$

S_{HCl} läßt sich durch Eichung der Glas-Chlorid-Meßkette in unterschiedlich konzentrierten HCl-Lösungen ermitteln. Im Gegensatz dazu bleibt E′ unbekannt. Aus diesem Grunde empfiehlt es sich, nur die Differenz zwischen EMK nach Zugabe eines Inertelektrolyten sowie vor dessen Zugabe zu messen. Näherungsmäßig gilt vor Zugabe des Elektrolyten

$$\lg \gamma_\pm \approx 0; \gamma_\pm \approx 1 \text{ für } I \rightarrow 0 \quad (3.17)$$

Diese Annahme ist jedoch nicht völlig korrekt und muß bei der Auswertung berücksichtigt werden.

Bildet man nun die Differenz zwischen lg $\gamma_{\pm}$ vor (I = 0) und nach Zugabe eines Elektrolyten, so folgt mit Gleichung 3.15 und c(HCl) = konst.

$$\lg_{\gamma_{\pm}} (I) - 0 = \frac{EMK_I - EMK_{I=0}}{S_{HCl}} \qquad (3.18)$$

Das heißt, man bestimmt eine Funktion $\lg_{\gamma_{\pm}}$ (I) durch Messung der EMK-Differenzen vor und nach Zugabe unterschiedlicher Konzentrationen an Inertelektrolyt.

3.1.3 Experimenteller Teil

Geräte und Reagenzien

- mV-Meter mit einer Anzeigegenauigkeit von 0,1 mV
- Glashalbkette
- Ag/AgCl-Halbkette
- Magnetrührer und Rührstäbchen
- 5 mol × L^{-1} $NaNO_3$ (suprapur)
- 0,1 mol × L^{-1} HCl-Titrisol
- 5 50-ml-Bechergläser
- 1 200-ml-Becherglas
- Mikropipetten (20 – 500 μl)
- 3 Büretten V = 25 ml
- 1 Meßpipette V = 5 ml
- 3 Titerlösungen: 10^{-4} molare HCl in 0,01; 0,1 und 1 mol × L^{-1} KNO_3 (suprapur)

Aufgaben

Aufgabe 1: Eichung der Meßkette Glas//Ag/AgCl

Anschlüsse am Meßgerät:

Meßeingang: Glashalbkette
Referenzeingang: Ag/AgCl-Halbkette

Die **Steilheit** der Meßkette wird durch Messung der EMK in 5 verschiedenen HCl-Konzentrationen (je 20 ml $1{,}00 \times 10^{-4}$ mol × L^{-1}; $2{,}5 \times 10^{-4}$ mol × L^{-1}; $5{,}00 \times 10^{-4}$ mol × L^{-1}; $1{,}00 \times 10^{-3}$ mol × L^{-1}; $2{,}50 \times 10^{-3}$ mol × L^{-1}) bestimmt. Die Messung muß bei konstanter Ionenstärke der Eichstandards erfolgen. Hierzu werden den Eichlösungen jeweils 2 Vol% einer 5 mol × L^{-1} $NaNO_3$-Lösung als Inertsalz zugesetzt. Die Steilheit sollte zwischen 110 und 120 mV liegen. Man beachte bitte die Hinweise des Herstellers zu Lagerung und Behandlung der Halbketten.

Aufgabe 2: Bestimmung des mittleren Aktivitätskoeffizienten

Die Bestimmung folgt einer Titration. Zu 100 ml 10^{-4} molarer HCl-Lösung werden unterschiedliche Volumina dreier Titerlösungen gegeben.

Titer 1: 10^{-4} mol × L^{-1} HCl in 10^{-2} mol × L^{-1} KNO_3
Titer 2: 10^{-4} mol × L^{-1} HCl in 10^{-1} mol × L^{-1} KNO_3
Titer 3: 10^{-4} mol × L^{-1} HCl in 1 mol × L^{-1} KNO_3

Diese Titerlösungen werden nach und nach der 10^{-4}-molaren HCl-Lösung so zugegeben, daß von jeder Titerlösung insgesamt 20 ml vorhanden sind. Das Endvolumen der vorgelegten 10^{-4} molaren HCl-Lösung beträgt dann 160 ml. Es empfehlen sich folgende kumulativen Zugabemengen: 0,5; 1; 1,5; 2; 3; 4; 6; 8; 10; 13; 16; 20 ml. Für die Dosierung sind die 25-ml-Büretten zu verwenden.

Das Ablesen der EMK am Meßgerät kann erst nach Einstellen eines konstanten Wertes erfolgen ($\Delta EMK/\Delta t < 1$ mV × min^{-1}).

Wichtig: Die EMK der HCl-Lösung ist vor der Zugabe der ersten Titerlösung abzulesen!

Auswertung und Diskussion

1. Tragen Sie in einer Grafik den Logarithmus des gemessenen mittleren Aktivitätskoeffizienten (y-Achse) gegen die Ionenstärke auf. Die Zeichnung sollte möglichst groß sein (vergleiche Aufgabe 2)!

2. Berechnen Sie lg $\gamma_\pm$ mit Hilfe der im Anhang (a – d) angegebenen Näherungen für die in Aufgabe 2 verwendeten Ionenstärken. Tragen Sie die so erhaltenen Wertepaare in die unter Punkt 1 angelegte Grafik ein.
3. Vergleichen Sie gemessene und berechnete Aktivitätskoeffizienten bezüglich
   - dem Verlauf mit der Ionenstärke
   - den Absolutwerten.

3.1.4 Literatur

Bücher

Cammann, K. *Das Arbeiten mit ionenselektiven Elektroden.* Berlin (Springer) 1977.

Frevert, T. *Hydrochemisches Grundpraktikum.* Stuttgart (UTB Birkhäuser) 1983.

Kortüm, G. *Lehrbuch der Elektrochemie.* Weinheim (VCH) 1972.

Moore, W. J.; Hummel, D. O. *Physikalische Chemie.* Berlin (Springer) 1986.

Stumm, W.; Morgan, J. J. *Aquatic Chemistry.* New York (Wiley) 1996).

3.1.5 Anhang: Näherungsgleichungen für den mittleren Aktivitätskoeffizienten:

a) Debye-Hückel

$-\lg \gamma_\pm = A \times z^2_\pm \times \sqrt{I}$
$A = 0{,}509$ bei 25 °C

Anwendung:

- ein-einwertige Elektrolyte mit $I < 10^{-2}\ \text{mol} \times L^{-1}$;
- Berechnung des mittleren Aktivitätskoeffizienten $\gamma_\pm$ entsprechend $-\lg \gamma_\pm = z_+ \times z_- \times A \times \sqrt{I}$

b) erweiterte Debye-Hückel-Beziehungen

$$-\lg \gamma_\pm = A \times z^2_\pm \times \frac{\sqrt{I}}{1 + B \times a \times \sqrt{I}}$$

B: absoluter Temperaturkoeffizient
a: Durchmesser der solvatisierten Ionen in Ångström-Einheiten (10^{-8} cm), vgl. Tabelle 3.1

Tabelle 3.1: Durchmesser einiger solvatisierter Ionen

Ionensorte	$\times 10^{-8}$ cm
NH_4^+	2,5
K^+, Cl^-, NO_3^-	3,0
OH^-, HS^-, MnO_4^-, F^-	3,5
SO_4^{2-}, PO_4^{3-}, HPO_4^{2-}	4,0
Na^+, HCO_3^-, $H_2PO_4^-$, HSO_3^-	4,0 – 4,5
CO_3^{2-}, SO_3^{2-}	4,5
Sr^{2+}, Ba^{2+}, S^{2-}	5
Ca^{2+}, Fe^{2+}, Mn^{2+}	6
Mg^{2+}	8
H^+, Al^{3+}, Fe^{3+}	9

Anwendung:

- ein-einwertige Elektrolyte mit $I < 0{,}2 \text{ mol} \times L^{-1}$

c) Güntelberg-Näherung

$$-\lg \gamma_\pm = A \times z^2_\pm \times \frac{\sqrt{I}}{1 + \sqrt{I}}$$

A: wie bei a) und b).

Anwendung:

Mittlerer oder individueller Aktivitätskoeffizient einzelner Komponenten von Mischelektrolyten müssen ohne Kenntnis von B, a und interionischen Wechselwirkungen bestimmt werden. In diesem Fall kann die **Güntelberg-Näherung** bis $I < 0{,}1 \text{ mol} \times L^{-1}$ verwendet werden. Verglichen mit gemessenen $\gamma_\pm$ (mittlere Aktivitätskoeffizienten) ergeben sich durch diese Näherung aber meistens zu kleine Werte.

d) Davies-Näherung

$$-\lg \gamma_\pm = A \times z^2_\pm \times \frac{\sqrt{I}}{1 + \sqrt{I}} - 0{,}3\, I$$

Anwendung:

Die **Davies-Näherung** ist die bisher beste Näherung für Ionen aller Ladungszahlen bis zu $I = 0{,}1 \text{ mol} \times L^{-1}$ (Fehler = 3 %); bei $I = 0{,}5 \text{ mol} \times L^{-1}$ resultiert für ein-einwertige Elektrolyte immer noch ein Fehler < 8 %. Die Näherung ist also anwendbar bis zu $I = 0{,}5 \text{ mol} \times L^{-1}$.

Allgemein gilt für praktische Berechnungen, daß in Mischelektrolyten ($I < 0{,}5 \text{ mol} \times L^{-1}$) Näherung d) die besten Ergebnisse liefert, daß aber die Berechnung individueller Aktivitätskoeffizienten mit Hilfe von Näherung b) erfolgen sollte, da hierbei lösungsspezifische Parameter (B, a) eingesetzt werden. Für alle Näherungen muß jedoch A bekannt sein. Tabelle 3.2 gibt Werte von A und B an.

Tabelle 3.2: Temperaturabhängigkeit der Parameter A und B zur Berechnung des Aktivitätskoeffizienten

Temperatur °C	A	B ($\times 10^{-8}$)
0	0,4883	0,3241
5	0,4921	0,3249
10	0,4960	0,3258
15	0,5000	0,3262
20	0,5042	0,3273
25	0,5085	0,3281
30	0,5130	0,3290
35	0,5175	0,3297
40	0,5221	0,3305
50	0,5319	0,3321
60	0,5425	0,3338

3.2 Bestimmung des pK_a-Wertes von NH_4^+/NH_3

3.2.1 Ökochemische Bedeutung des pK_a-Wertes von Ammonium

Stickstoffkreislauf

Stickstoff kommt in Gewässern vor allem in den Oxidationsstufen –3 (Ammonium, NH_3, Aminosäuren), 0 (molekular gelöstes N_2), +3 (Nitrit) und +5 (Nitrat) vor. Die Oxidationsstufe –1 (Hydroxylamin) hat nur eine untergeordnete Bedeutung; sie ist gelegentlich als Zwischenprodukt von Redoxprozessen nachweisbar (vergleiche Abbildung 3.1). Als ein solches Zwischenprodukt ist auch Nitrit aufzufassen. Es tritt in abwasserbelasteten Vorflutern jedoch regelmäßig und zum Teil in hohen Konzentrationen auf.

Nitrat und Ammonium spielen nach dem Phosphat eine wichtige Rolle als wachstumsregulierende Faktoren und können daher an Eutrophierungsprozessen beteiligt sein. Im Gegensatz zum Phosphorkreislauf ist der Stickstoffkreislauf geschlossen (kreislaufschließende Gasphase: N_2).

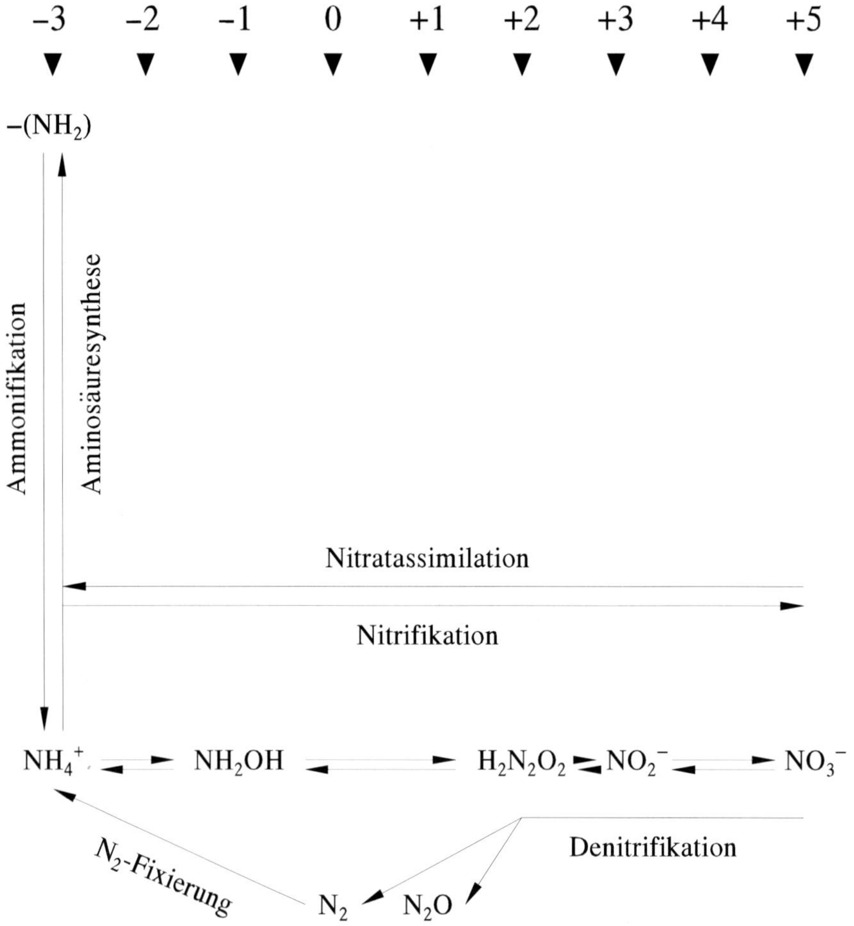

3.1 Biochemische Reaktionen wichtiger Stickstoffspezies im Stickstoffkreislauf (nach Wetzel, 1975). Die Zahlen am oberen Rand der Abbildung bezeichnen die Oxidationsstufen, die Stickstoff bei den einzelnen Transformationsreaktionen einnimmt.

Vor allem die erhöhten Nitratwerte im Grundwasser und damit auch häufig im Trinkwasser führten in letzter Zeit zu einer verstärkten Diskussion des Nitratproblems, da Nitrat im Körper zu Nitrit reduziert wird, was vor allem bei Säuglingen zu Erstickungserscheinungen (sog. „Blausucht") führen kann. Nitrit selber kann im Körper zu Nitrosaminen umgebaut werden, welche krebserregend sind.

Abbildung 3.2 gewichtet die Einzelreaktionen im Rahmen einer globalen Stickstoffbilanz. Der Bilanz ist zu entnehmen, daß die biologische N_2-Fixierung und die Denitrifikation dominante Bilanzglieder darstellen. Ferner gibt es momentan keine Hinweise darauf, daß

Tabelle 3.3: Grenzwerte für ionare Verbindungen des Stickstoffs laut Trinkwasserverordnung 1986

NO_3^-	50 $mg \times L^{-1}$
NO_2^-	0,1 $mg \times L^{-1}$
NH_4^+	0,5 $mg \times L^{-1}$ außer in stark reduzierten Gewässern

die Stickstoffbilanz in globaler Dimension aus dem Gleichgewicht gerät. Allerdings ist in zunehmendem Maße eine Verschiebung der Denitrifikationsaktivität von terrestrischen zu aquatischen Ökosystemen festzustellen. Gründe hierfür liegen in der starken Konzentrierung von Stickstoffverbindungen in den dichtbesiedelten Zonen der Erde, wo sie z. T. direkt in aquatische Systeme weitergeleitet werden.

Ammonium (NH_4^+) entsteht beim Abbau von Proteinen oder anderen N-haltigen organischen Verbindungen durch heterotrophe Bakterien. Zu dieser autochthonen Ammoniumquelle in Gewässerökosystemen addieren sich häufig Einträge, die aus der direkten oder diffusen Einleitung von Abwässern herrühren.

Im Trinkwasser sind Ammonium bzw. Ammoniak in erster Linie als allgemeine Verschmutzungsindikatoren von Bedeutung. Nach der

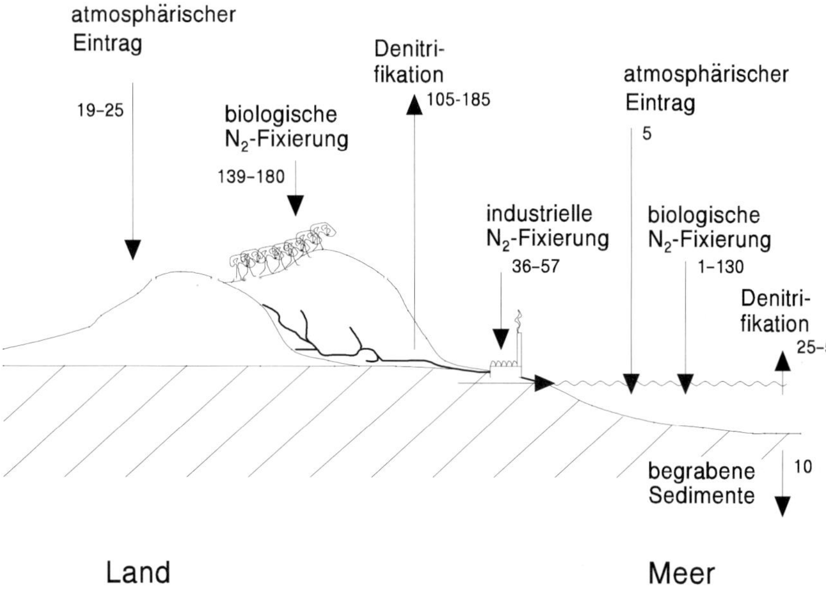

3.2 Globale Stickstoffjahresbilanz (Angaben in Teragramm = 10^{12} Gramm, nach Zehnder, 1988).

neuen Trinkwasserverordnung darf für NH_4^+ ein Grenzwert von 0,5mg $\times$ L^{-1} nicht überschritten werden (Tabelle 3.3). Kommt es in ammoniumreichen Gewässern zu pH-Erhöhungen, bildet sich Ammoniak, das als korrespondierende Base mit dem Ammonium im Gleichgewicht steht.

Ammoniak ist für viele höhere Organismen toxisch. Fischsterben in Teichanlagen sind weit häufiger auf NH_3-Vergiftung nach photoassimilatorischer pH-Erhöhung zurückzuführen als etwa auf Sauerstoffmangelbedingungen. Die toxische Wirkung von NH_3 ist folglich ein spezifischer pH-Effekt. NH_4^+ ist selbst in hohen Konzentrationen (≤ 50 mg $\times$ L^{-1}) unschädlich. Die Kenntnis der genauen Lage des pK_a-Wertes für das NH_4^+/NH_3-Gleichgewicht in Abhängigkeit von Temperatur und Ionenstärke ist deshalb von entscheidender Bedeutung. Für T = 293 K und I $\rightarrow$ 0 ist der pK_a-Wert = 9,25.

3.2.2 Prinzip zur Bestimmung des pK_a-Wertes von NH_4^+/NH_3

Bei den folgenden Überlegungen werden vereinfacht Aktivitäten den Konzentrationen gleichgesetzt.

Es liegt folgendes Gleichgewicht zugrunde:

$$NH_4^+ + H_2O \leftrightarrow NH_3 + H_3O^+$$

$$K_a = \frac{c(NH_3) \times c(H_3O^+)}{c(NH_4^+)}$$

oder in p-Notierung:

$$pH = pK_a + \lg \frac{c(NH_3)}{c(NH_4^+)}$$

(Gleichung von Henderson-Hasselbach)

Für die Massenbilanz des Ammoniumstickstoffs gilt:

$$c(NH_{4,tot}) = c(NH_4^+) + c(NH_3)$$

Für einen konstanten Gesamt-Ammonium-Stickstoffgehalt folgt:

$$pH = pK_a - pNH_3 - \lg \{c(NH_{4,tot}) - c(NH_3)\}$$

Wenn $c(NH_{4,tot})$ durch eine NH_4^+-Salzlösung vorgegeben und konstant ist und sowohl pNH_3 als auch pH gemessen werden, kann somit der pK_a-Wert direkt aus der pNH_3/pH-Titrationskurve bestimmt werden.

3.2.3 Experimenteller Teil

Geräte und Reagenzien

- gasdichtes Gefäß mit Quetschverschlüssen für Elektroden und Septen
- 2 pH/mV-Meter (möglichst mit 0,1 mV Genauigkeit)
- pNH_3-Meßkette (z. B. ORION 9002)
- pH-Meßkette
- 10 mol × L^{-1} $NaNO_3$ p. a.
- 10 mol × L^{-1} NaOH p. a.
- 0,1 mol × L^{-1} NH_4Cl-Standardlösung
- Eppendorf-Pipetten 10 μl, 100 μl
- 10^{-3} mol × L^{-1} NH_4Cl
- 1 mol × L^{-1} NaOH
- 0,2 mol × L^{-1} NaOH (Titrisol)
- Magnetrührer, Rührfisch

Durchführung

Füllen Sie 100 ml 10^{-3} mol × L^{-1} NH_4Cl in das Titrationsgefäß und geben Sie dann 2 – 3 Tropfen 10 mol × L^{-1} $NaNO_3$ hinzu.

Nach dem Einstecken der Elektroden verschließen Sie das Gefäß und geben unter ständigem Rühren schrittweise mit der Pipette 0,2 mol × L^{-1} NaOH zu. Nach jeder NaOH-Zugabe ist die Zugabemenge zu notieren und der pH-Wert mit Hilfe der pH-Meßkette sowie die EMK der pNH_3-Elektrode zu messen.

Die Messung ist bis ca. pH = 11,2 fortzuführen. Zu Beginn der Titration sind kleine Volumina (10 μl) nötig. Mit steigendem pH-Wert muß das Volumen erhöht werden, um eine deutliche pH-Erhöhung zu erreichen (50 bzw. 100 μl).

Die graphische Extrapolation der beiden linearen Abschnitte der pNH_3/pH-Kurve ergibt einen Schnittpunkt, für den die Bedingung pH = pK_a erfüllt ist. Um Ungenauigkeiten bei der Umrechnung von mV in pNH_3-Werte zu vermeiden, empfiehlt es sich, direkt die gemessene EMK gegen den pH-Wert aufzutragen. Eine Eichung der pNH_3-Elektrode (vergleiche Abschnitt 2.2) ist daher nicht nötig.

Der so gefundene pK_a-Wert muß jedoch als scheinbarer pK_a-Wert (pK_a'-Wert) bezeichnet werden, da er sich auf eine beliebige Temperatur und Ionenstärke bezieht.

Auswertung und Diskussion

1. Tragen Sie graphisch die gemessenen EMK-Werte gegen den jeweiligen pH-Wert auf und bestimmen Sie den pK_a-Wert!
2. Konstruieren Sie ein theoretisches **Stabilitätsdiagramm** (pH/–lg c) für das System NH_3/NH_4^+ unter Verwendung der in Abschnitt 3.2.2 angegebenen Gleichungen, der Massenbeziehung und der verwendeten Säure-Konzentration. Zeichnen Sie dieses Diagramm in dieselbe Graphik, in der Sie Ihre Meßwerte aufgetragen haben. Verwenden Sie dazu eine zweite Y-Achse (–lg c)!
3. Vergleichen Sie das theoretische und gemessene Diagramm hinsichtlich
   a) der Steigung des linearen Abschnitts der Beziehung zwischen pH- und EMK der pNH_3-Elektrode (= pNH_3-Wert);
   b) der Lage des pK_a-Wertes.
4. Aus welchem Grunde ist vor der Titration die Zugabe von 10-molarer $NaNO_3$-Lösung nötig?

3.2.4 Literatur

Bücher

Aurand, K. et al. *Die Trinkwasserverordnung – Einführung und Erläuterungen für Wasserversorgungsunternehmen und Überwachungsbehörden.* (Erich Schmidt Verlag) 1987.

Schwoerbel, J. *Einführung in die Limnologie.* Stuttgart (UTB) 1993

Wetzel, R. *Limnology.* (Saunders College Publishing). 1975.

Zehnder, A. *Biology of Anaerobic Microorganisms.* (John Wiley and Sons) 1988.

3.3 Bestimmung des Ionenaktivitätsprodukts von Eisenmonosulfid mit Hilfe der pH_2S-Elektrode

3.3.1 Der Stoffkreislauf des Schwefels und die Bedeutung von Schwefelwasserstoff (H_2S) und Sulfat (SO_4^{2-}) in natürlichen Gewässern

Schwefel ist eines der Hauptnährelemente der Pflanzen. Er wird vom Phytoplankton und allen anderen photoautotrophen Pflanzen als Sulfat aufgenommen und als SH-Gruppe nach assimilatorischer Sulfatreduktion in die Körpersubstanz eingebaut.

Beim aeroben Stoffabbau durch Mikroorganismen entsteht aus schwefelhaltigen Verbindungen wieder Sulfat, das in Lösung geht und so wieder von den Pflanzen aufgenommen werden kann (SO_4^{2-}-Gehalt in natürlichen Wässern: 0,1 – 0,3 mmol $\times$ L^{-1}, über Gipsvorkommen und Lagerstätten metallischer Sulfide bis zu 20 mmol $\times$ L^{-1}).

Unter anaeroben Bedingungen wird Eiweiß-Schwefel und Sulfat zu Schwefelwasserstoff reduziert. Sulfat dient dabei als terminaler Elektronenakzeptor. Solche Bedingungen treten in Sümpfen, schlecht durchmischten Tiefenzonen des Meeres und auch am Grund stark eutrophierter, stehender Gewässer auf.

Mikrobielle Sulfatreduktion (vereinfacht):

$$SO_4^{2-} + 2CH_2O + 2H^+ \rightarrow H_2S + 2CO_2 + 2H_2O$$

CH_2O bezeichnet ein Kohlenstoffäquivalent mit der Oxidationszahl 0 (Zucker). Gelangt Schwefelwasserstoff im Laufe von Umwälzvorgängen in die normalerweise H_2S-freien oberen Wasserschichten, kann dies zum Massensterben von Fischen führen. Auch Wasserpflanzen werden durch H_2S in Mitleidenschaft gezogen (Wurzelfäule). Das Vorkommen von **Sulfidschwefel** (H_2S, HS^-, S^{2-}) ist ein Hinweis auf anaerobe Verhältnisse im Sediment, was eine Folge von Eutrophierung des Gewässers sein kann. Wegen seiner auch für den Menschen starken Giftigkeit darf Sulfidschwefel (S(–II)) nicht im

Trinkwasser vorkommen. Für kommunale und industrielle Abwässer ist der Grenzwert auf 2 mg × L^{-1} (= 68 μmol × L^{-1}) festgelegt.

3.3.2 Die Formen und Ionenspezies des Sulfidschwefels

Sulfidschwefel kommt im Wasser im wesentlichen in drei Formen vor:

- als H_2S in gelöster Form $H_2S \cdot aq$;
- als Ionenspezies Hydrogensulfid HS^-;
- als Ionenspezies Sulfid S^{2-}.

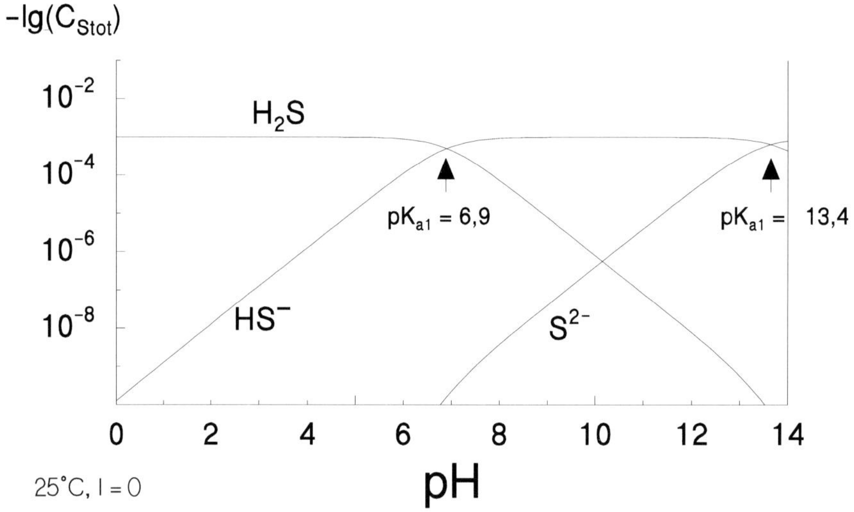

3.3 Stabilitätsdiagramm von Sulfidschwefel für T = 25 °C und Ionenstärke → 0. c(S(−II)) = $c(H_2S) + c(HS^-) + c(S^{2-}) = 10^{-3,5} \times L^{-1}$.

In welcher dieser Formen Sulfidschwefel im Wasser hauptsächlich vorliegt, ist von der jeweiligen Wassertemperatur, vor allem aber von seinem pH-Wert abhängig. Dieser Zusammenhang wird im pH-**Stabilitätsdiagramm** des Sulfidschwefels dargestellt (Abbildung 3.3):

3.3.3 Reaktion des Sulfidions zu Metallsulfiden

Im natürlichen Gewässer reagieren Sulfidionen und Hydrogensulfidionen mit anwesenden Metallkationen. Diese Metallsulfide sind ökochemisch bedeutsam, da sie alle schwer löslich sind und die einzigen echten Fällungsprodukte von Schwermetallen unter anoxischen Bedingungen darstellen. Ihnen werden überhaupt die niedrigsten Löslichkeitsprodukte zugeordnet (25 °C):

HgS(rot): $10^{-52,4}$ $mol^2 \times L^{-2}$; Fe_2S_3: 10^{-85} $mol^5 \times L^{-5}$

Solche Größenordnungen werden meistens nicht experimentell bestimmt, sondern aus den freien Bildungsenthalpien (ΔG_f) berechnet:

$\Delta G_f = -5\,712{,}1 \times \lg K_{sp}$ (in Joule, 25 °C)

Anders verhält es sich mit leichter löslichen Metallsulfiden (z. B. Eisen(II)sulfid). Sind $Fe^{2+} \cdot$ aq-Ionen die einzig anwesenden Reaktanten, bildet sich mit S^{2-} zunächst ein metastabiles (kinetisches) Zwischenprodukt FeS · aq (Hydrotroilit). Im Verlauf frühdiagenetischer Prozesse entsteht aus Hydrotroiliten durch Reaktion mit elementarem Schwefel das thermodynamisch stabile Pyrit (FeS_2).

Eisen(II)sulfide sind die häufigsten natürlich auftretenden Schwermetallsulfide. Rezent gibt es sie vor allem in kohlenstoffreichen anoxischen Sedimenten von Flüssen, Seen, Marschen (vor allem Salzmarschen) als schmierige, pechschwarze Horizonte oder Granulae. Fe^{2+} geht mit zahlreichen, in natürlichen Lösungen vorkommenden Liganden komplexe Bindungen ein (z. B. anorganische Anionen, Huminsäuren), die dann mit Sulfid um das Fe^{2+}-Ion konkurrieren.

Das Löslichkeitsprodukt vieler schwerlöslicher Salze (Halogenide, Sulfide) kann durch Messung der Aktivität des Anions und Kations direkt bestimmt werden. Tatsächlich findet man hierbei aber selten das Löslichkeitsprodukt, sondern einen Zahlenwert, der sich mehr oder minder stark vom theoretischen Wert unterscheidet, das sogenannte Ionenaktivitätsprodukt IAP:

$$IAP = a(\text{Kation}) \times a(\text{Anion}). \qquad (3.19)$$

Der Vergleich der beiden Größen liefert bei Berücksichtigung des Einflusses von Temperatur, Ionenstärke und Seitenreaktionen des Metallions eine Kenngröße SI (**Sättigungsindex**) über die Annäherung an thermodynamische Gleichgewichte:

$$SI = pK_{sp} - pIAP \tag{3.20}$$

Gründe für einen Unterschied zwischen beiden Zahlenwerten gibt es mehrere:

– *Übersättigung (SI > 0).* Sehr viele schwerlösliche Salze bilden zunächst ein metastabiles Zwischenprodukt, welches im Laufe der Zeit auskristallisiert, entwässert und sich generell demjenigen Kristallisationszustand nähert, für den das Löslichkeitsprodukt definiert wurde. Die Löslichkeit solcher metastabiler Phasen ist im allgemeinen höher als diejenige der Festphasen mit geordneter Kristallstruktur. FeS ist ein typischer Vertreter dieses Festphasentyps (siehe unten). Ferner ist die Fällung eines Salzes häufig kinetisch gehemmt (Phasenübergang), so daß höhere Ionenaktivitäten auftreten als sie dem Löslichkeitsprodukt entsprechen. Oft fehlen z. B. geeignete Kristallisationskerne. $CaCO_3$ ist ein typischer Vertreter für dieses Phänomen (vergleiche auch Abschnitt 4.1).

– *Untersättigung (SI < 0).* Hierbei sind die Ionenaktivitäten so gering, daß keine Fällung des betrachteten Salzes auftritt. Der Grund dafür ist häufig, daß die Aktivität einer der beiden Ionenarten durch ein noch schwerer lösliches Salz kontrolliert wird (Beispiel: H_2S-haltige Lösungen sind im allgemeinen bezüglich der Schwermetallhydroxide – z. B. $Cd(OH)_2$ – untersättigt, da die Löslichkeit der Metallionen durch die Bildung der schwerer löslichen Metallsulfide kontrolliert wird). Man mißt in einem solchen Fall Untersättigung bezüglich der Metallhydroxide, aber Gleichgewicht bezüglich der Metallsulfide ($SI_{Me(OH)_2} < 0$; $SI_{MeS} = 0$).

Erhebliche Fehler bei der Bestimmung von Ionenaktivitäten können aus analytischen Gründen auftreten, da nur potentiometrische Meßmethoden wirklich die Aktivität eines Ions erfassen. Viele analytische Methoden bestimmen aber neben der Konzentration eines Ions, die in die Aktivität umgerechnet werden muß, sämtliche Verbindungen, in denen das gesuchte Ion komplex gebunden ist (z. B. Atomabsorptionsspektroskopie). Nur durch komplizierte Rechnung (im allgemeinen mit speziellen Computerprogrammen) kann in einem solchen Fall die Aktivität des gesuchten Ions angenähert festgestellt werden.

3.3.4 Die H_2S-Meßtechnik

Schwefelwasserstoff (H_2S) kann als gelöstes Gas direktpotentiometrisch mit einer Glas//Ag/Ag_2S-Meßkette (pH_2S-Elektrode INGOLD Ag-275-85-6329, Ableitung der Glaselektrodenhalbkette: Ag, AgI in 0,2 mol × L^{-1} HI) gemessen werden.

Das Potential der Meßkette wird durch die Silberionenaktivität sowie die Hydroniumionenaktivität bestimmt, wobei die Silberionenaktivität über das Löslichkeitsprodukt von Ag_2S und damit durch die Sulfidionenaktivität in Lösung kontrolliert wird. Die Proportionalität zur H_2S-Aktivität sowie die pH-Unabhängigkeit der Meßkette soll auf mathematischem Wege hergeleitet werden.

- Für die EMK der Meßkette gilt:
  $$\mathrm{EMK} = E_{\mathrm{Glashalbzelle}} - E_{\mathrm{Ag/Ag_2S\text{-}Halbzelle}} \quad (3.21)$$

- Für das Potential der Glashalbzelle gilt:
  $$E_{\mathrm{Glashalbzelle}} = E' - 0{,}059 \times \mathrm{pH} \quad (3.22)$$

  E′: Konstante der Glashalbkette

- Für das Potential der Ag/Ag_2S-Halbkette gilt:
  $$E_{\mathrm{Ag/Ag_2S}} = E_{\mathrm{Ag/Ag^+}} - 0{,}059 \times \mathrm{pAg^+} \quad (3.23)$$

  Formal bekommt man für pAg^+

  $$\mathrm{pAg^+} = 0{,}5 \times (49{,}6 - \mathrm{p}K_{a1} - \mathrm{p}K_{a2} - \mathrm{pH_2S} + 2\mathrm{pH}),$$

was im folgenden hergeleitet werden soll. Das Löslichkeitsprodukt von Ag_2S ist definiert als:

$$K_{sp(Ag_2S)} = a(Ag^+)^2 \times a(S^{2-}) = 10^{-49{,}6}\ \mathrm{mol^3 \times L^{-3}}\ (\text{bei } 25\,^\circ\mathrm{C}) \quad (3.24)$$

In p-Notierung:

$$2 \times \mathrm{pAg^+} + \mathrm{pS^{2-}} = 49{,}6 \quad (3.25)$$

Unter Berücksichtigung der Protolysegleichgewichte von H_2S,

$$K_{a1} = \frac{a(HS^-) \times a(H_3O^+)}{a(H_2S)}$$

$$K_{a2} = \frac{a(S^{2-}) \times a(H_3O^+)}{a(HS^-)}$$

$$K_{a1} \times K_{a2} = \frac{a(S^{2-}) \times a(H_3O^+)^2}{a(H_2S)} \qquad (3.26)$$

und nach der Sulfidionenaktivität aufgelöst und logarithmiert, folgt:

$$pS^{2-} = pK_{a1} + pK_{a2} - 2 \times pH + pH_2S \qquad (3.27)$$

Setzt man Gleichung 3.27 in Gleichung 3.25, so erhält man:

$$2 \times pAg^+ + pK_{a1} + pK_{a2} - 2 \times pH + pH_2S = 49{,}6$$

bzw.:

$$pAg^+ = 0{,}5 \times (49{,}6 - pK_{a1} - pK_{a2} - pH_2S + 2 \times pH) \qquad (3.28)$$

Verwendet man nun dieses Ergebnis in den Gleichungen 3.21, 3.22 und 3.23, so erhält man:

$$EMK = (E' - 0{,}059 \times pH) -$$

$$[E^0_{Ag/Ag^+} - \frac{0{,}059}{2}(49{,}6 - pK_{a1} - pK_{a2} + 2 \times pH - pH_2S)] \qquad (3.29)$$

Nun fällt der pH-Wert heraus.
Die Konstanten werden zusammengefaßt:

$$c = \frac{0{,}059}{2} \times (49{,}6 - pK_{a1} - pK_{a2})$$

$$\rightarrow EMK = E' - E^0_{Ag/Ag^+} + c - \frac{0{,}059}{2} \times pH_2S \qquad (3.30)$$

Für die Konzentrationsabhängigkeit des Potentials der pH_2S-Elektrode erhält man also folgende Gleichung:

$$EMK = K - \frac{0{,}059}{2} \times pH_2S \qquad (3.31)$$

Der bisher verfolgte formale Weg liefert für die Meßpraxis wichtige Ergebnisse:

1. Mit der pH_2S-Elektrode kann bei jedem pH-Wert die H_2S-Aktivität gemessen werden.
2. Gesamtsulfid ($c(S(-II))$, Summe aus $c(H_2S)$, $c(HS^-)$ und $c(S^{2-})$) kann mit der pH_2S-Elektrode nur gemessen werden, wenn für den pH-Wert gilt: $pH \leq 5$ (vergleiche pH-Stabilitätsdiagramm; man überlege sich warum!).

Weiterhin ist für die Praxis zu beachten, daß die pH_2S-Meßkette nur geringfügige Temperaturempfindlichkeit zeigt. Ihr außergewöhnlich großer Meßbereich wird vor allem durch zwei Faktoren begrenzt:

1. Bei hohen Gesamtsulfidkonzentrationen ($> 10^{-1}$ mol × L^{-1}) treten intermolekulare Wechselwirkungen, insbesondere Polysulfidbildungen, auf.
2. Bei sehr geringen Gesamtsulfidkonzentrationen ist die Löslichkeit der Ag_2S-Beschichtung der Meßkette limitierend.

Nachweisgrenze. Eine Aussage über die Nachweisgrenze kann pauschal nicht getroffen werden, da die potentialbestimmende Sulfidionenaktivität durch zahlreiche Seitenreaktionen kontrolliert wird (Protolysegleichgewicht, Metallsulfidfällung). Mit Sulfidstandardlösungen läßt sich die pH_2S-Meßkette bis minimal 10^{-6} mol × L^{-1} eichen. Jedoch ist es möglich, auch in Lösungen, die einen Bodenkörper – bestehend aus schwerlöslichem Metallsulfid – enthalten, die korrespondierende, extrem niedrige Gleichgewichtsulfidkonzentration zu messen. So wurden beispielsweise Werte von c(S(–II)) $< 10^{-19}$ mol × L^{-1} gemessen (Peiffer und Frevert, 1987).

3.3.5 Berechnung des Ionenaktivitätsprodukts von FeS

In die Berechnung von **Ionenaktivitätsprodukten** für Metallsulfide geht die Spezies S^{2-} ein. Da die zweite Säurekonstante von H_2S sehr weit im Basischen liegt ($K_{a2} < 10^{-13}$ mol × L^{-1}), ist die Aktivität des Sulfidions nur indirekt in einer wäßrigen Lösung zu bestimmen, indem sie z. B. über die gemessene H_2-S-Aktivität berechnet wird.

$$a(S^{2-}) = \frac{K_{a1} \times K_{a2} \times a(H_2S)}{a(H_3O^+)} \tag{3.32}$$

Der Wert für K_{a2} ist aber extrem unsicher (vergleiche Schoonen und Barnes, 1988), so daß vorgeschlagen wurde, ein modifiziertes Löslichkeitsprodukt zu formulieren. Dieses Produkt ist eine Funktion des pH-Wertes, dafür aber unabhängig von der S^{2-}-Ionenaktivität (Davison, 1980; Peiffer, 1994).

$$MeS + H_3O^+ \leftrightarrow HS^- + H_2O$$

$$\frac{a(Me^{2+}) \times (HS^{-})}{a(H_3O^{+})} = K_{s1} \tag{3.33}$$

Die in Gleichung 3.33 enthaltenen Größen sind alle leicht meßbar bzw. berechenbar. Für das Ionenaktivitätsprodukt von FeS ergibt sich dann (vergleiche Gleichung 3.19):

$$IAP = \frac{a(Fe^{2+}) \times a(H_3O^{+})}{a(HS^{-})} \quad \text{bzw.}$$

$$IAP = \frac{a(Fe^{2+}) \times a(H_3O^{+})^2}{K_{a1} \times a(H_2S)} \tag{3.34}$$

In p-Notierung folgt dann:

$$pIAP = pFe^{2+} + pK_{a1} + pH_2S - 2 \times pH \tag{3.35}$$

Die pK_a-Werte sind – wie alle Gleichgewichtskonstanten – temperaturabhängig. Für ihre genaue Berechnung gelten folgende Korrekturen (nach Broderius und Smith, 1977):

$$pK_{a1} = 3{,}122 + 1132 \times T^{-1}$$
$$pK_{a2} = 2892{,}91 \times T^{-1} + 4{,}448 - 0{,}002514 \times T$$

T: absolute Temperatur [K]

Vergleich von theoretischer Löslichkeit mit gemessener Löslichkeit liefert den Sättigungsindex:

$$SI = pK_{s1} - pIAP$$

Der pK_{s1}-Wert von FeS wird mit $pK_{s1} = 3{,}0$ angegeben (Davison, 1980).

3.3.6 Experimenteller Teil

Aufgaben

1. Jodometrische Einstellung einer Sulfidstandardlösung (indirekte **Jodometrie**).
2. Eichung der pH_2S-Elektrode.
3. Eichung der pH-Elektrode (vergleiche Abschnitt 2.2).
4. Bestimmung des Ionenaktivitätsprodukts von $FeS \cdot aq$

Anmerkung: Als Meßkette ohne Überführung eignet sich die pH_2S-Elektrode besonders gut für dieses Experiment, jedoch läßt sich die Messung mit einer Ag/Ag_2S-Halbkette gegen externe Referenz mit Schliffdiaphragma ebenfalls durchführen.

Durchführung

Aufgabe 1: Jodometrisches Verfahren zur Sulfidbestimmung

Allgemeines

Die **Jodometrie** stellt die vielseitigste Redoxtitrationsmethode dar, da sie als Oxidations- und Reduktionsverfahren eingesetzt werden kann. In diesem Fall soll die genaue Konzentration einer Sulfidstandardlösung exakt bestimmt werden. Durch Einwiegen von Na_2S-Kristallen kann man den Standard nicht genau herstellen und muß ihn deshalb jodometrisch überprüfen. Dabei bestimmt man den Titer der Na_2S-Lösung (Faktor F), mit dem die wahre Konzentration des Standards vom Sollwert der Lösung abweicht:

$$c_{Standard} = F \times c_{Soll}$$

Zur Herstellung des Standards sei auf den Anhang II am Ende dieses Themenkomplexes verwiesen.

Prinzip

Kaliumjodid- und Kaliumjodatlösungen werden gemischt und reagieren in schwefelsaurer Lösung zu Jod:

$$(I): 2I^- \rightarrow I_2 + 2e^-$$
$$(II): IO_3^- + 6e^- + 6H_3O^+ \rightarrow I^- + 9H_2O$$
$$(3 \times I + II): IO_3^- + 5I^- + 6H_3O^+ \rightarrow 3I_2 + 9H_2O$$

Das Jod wird mit Thiosulfat zu Jodid reduziert:

$$I_2 + 2S_2O_3^{2-} \rightarrow 2I^- + S_4O_6^{2-}$$

Bei Zugabe von S(–II)-Standardlösung wird S(–II) zu S(0) oxidiert und Jod wieder zu Jodid reduziert:

$$I_2 + S(-II) \rightarrow 2I^- + S(0)$$

Das verbleibende Jod wird wiederum mit Thiosulfat reduziert. Über die Differenz der beiden Titrationen wird der Titer der Na_2S-Lösung bestimmt.

Geräte und Reagenzien

- 2 300-ml-Erlenmeyerkolben
- 10 % KI-Lösung
- 0,1 N KIO_3-Lösung (= 1/60 mol × L^{-1}, vergleiche Abschnitt 2.4)
- 2 10-ml-Vollpipetten
- 1 2-ml-Vollpipette
- konzentrierte H_2SO_4
- Bürette
- 0,1 molare Thiosulfatlösung (Titrisollösung)
- 2 Magnetrührer
- Stärkelösung (1 g Stärke in 100 ml H_2O aufkochen (!) + 0,5 ml Formaldehydlösung)

Durchführung

(zur Berechnung von Redoxäquivalenten und Herstellung normaler Lösungen vergleiche Abschnitt 2.4)

a) Einstellung einer Lösung aus 10 % KI und 0,1 N KIO_3 (Referenz):

In diesem Schritt wird durch Titration mit Thiosulfatlösung diejenige Jodkonzentration der Lösung festgestellt, die sich ohne Zugabe von Sulfid bildet.
In einen 300-ml-Erlenmeyerkolben werden 10 ml 10 % KI und 10 ml 0,1 N KIO_3 gegeben (KIO_3 genau abmessen!), gut durchmischt und mit bidestilliertem Wasser auf ca. 150 – 200 ml aufgefüllt. Dann werden ca. 0,5 ml H_2SO_4 (konzentriert) zugegeben und anschließend gegen eine frisch angesetzte 0,1-N-Thiosulfatlösung (Titrisollösung) nach Zugabe von ca. 1 ml Stärkelösung als Indikator titriert. Ein Farbumschlag erfolgt von blau nach farblos.

b) Einstellung des Sulfid-Standards (0,1 mol × L^{-1} $Na_2S \cdot 9H_2O$):

Derselben Mischung aus KI und KIO_3 wie bei der ersten Titration werden 2 ml einer Sulfidprobe zugesetzt. Das enthaltene Sulfid

fällt dabei als elementarer Schwefel aus. Das verbleibende Jod wird mit Thiosulfat wiederum titriert.
In einem 300-ml-Erlenmeyer werden KI- und KIO_3-Lösungen wie unter a) vorgelegt. Die Lösungen werden mit bidestilliertem Wasser aufgefüllt und anschließend vermischt. Nach Zugabe von ca. 0,5 ml H_2SO_4 (konzentriert) und 2 ml S(–II)-Standardlösung wird die Titration wie bei a) mit Stärkelösung als Indikator durchgeführt. Der Farbumschlag erfolgt von blau nach milchig weiß (elementarer Schwefel).

c) Berechnung des Faktors F der $0{,}1\text{-mol} \times L^{-1}$-Standardlösung:
Lösung a:

$$V_{I^-/IO_3^-} \times N_{Jod} = V_{T_a} \times N_T$$

V_{I^-/IO_3^-}: Volumen der Jodid-/Jodatlösung [ml]
N_{jod}: Normalität des gebildeten Jods [$mol \times L^{-1}$]
V_{T_a}: zur Lösung a zutitriertes Volumen der Thiosulfatlösung [ml]
N_T: Normalität der Thiosulfatlösung [$mol \times L^{-1}$]

Lösung b:

$$V_{IO_3^-/I^-} \times N_{Jod} - V_{S(\text{-}II)} \times 2 \times c_{S(\text{-}II)} \times F = V_{T_b} \times N_T$$

$V_{S(-II)}$: zugegebenes Volumen der S(-II)-Standardlösung [ml]
$c_{S(-II)}$: Soll-Konzentration der S(-II)-Standardlösung [$mol \times L^{-1}$]
V_{T_b}: zur Lösung b zutitriertes Volumen der Thiosulfatlösung [ml]

a – b ergibt:

$$V_{S(-II)} \times 2 \times c_{S(-II)} \times F = (V_{T_a} - V_{T_b}) \times N_T$$

$$\rightarrow F = \frac{(V_{T_a} - V_{T_b}) \times N_T}{V_{S(-II)} \times 2 \times c_{S(-II)}}$$

Aufgabe 2: Eichung der pH_2S-Elektrode

Prinzip

Die pH_2S-Meßkette wird in einer sauerstofffreien pH-Pufferlösung mit unterschiedlichen Sulfidkonzentrationen geeicht. Der pH-Wert der Pufferlösung sollte ≤ 5 sein, um zu gewährleisten, daß gilt: $c(S(-II)) = c(H_2S)$.

Durchführung

Als Eichgefäß dient eine 100-ml-Glasflasche mit 2 Schraubdeckelöffnungen. In eine der Öffnungen kann die Meßkette mittels einer Schraubdichtung gasdicht eingeführt werden. Die zweite Öffnung ist mit einem Silikonseptum verschlossen, das von Kanülen durchstochen werden kann. Ein Magnetrührer sorgt für die Durchmischung der Eichlösung.

Der Eichvorgang geschieht in folgenden Einzelschritten:

a) Man füllt genau 100 ml pH-Pufferlösung in die Glasflasche.

b) Bei eingeführter Meßkette erfolgt 1 Stunde lang Begasung mit N_2 über eine Kanüle (eine zweite Kanüle dient hierbei als Gasaustritt).

Wichtig! Es ist darauf zu achten, daß der N_2-Überdruck dem Gefäß entweichen kann, da sonst die Elektrode aus dem Gefäß „geschossen" werden kann. Man muß deshalb für Entgasungsmöglichkeit sorgen.

c) Nach der Begasung folgt die Zugabe von unterschiedlichen Mengen einer 0,1 mol × L^{-1}-Sulfid-Stammlösung ($Na_2S \cdot 9H_2O$ p. a.) mit Hilfe einer Dosierspritze. Die genaue Konzentration der Stammlösung wird zuvor jodometrisch bestimmt. Hierbei ist darauf zu achten, daß die Kanüle in die Pufferlösung eintaucht, da sonst ein Tropfen am Austritt hängenbleibt, der dann am Septum abgestreift wird. Gerade bei kleinen Volumina ergibt sich somit unter Umständen ein sehr großer Fehler. Ferner ist beim Aufziehen der Spritze dafür zu sorgen, daß die Kanüle luftfrei ist.

Die Zugabe der Na_2S-Stammlösung erfolgt ungefähr logarithmisch, d. h. in einem Zugabeschritt wird immer das Volumen des vorherigen Schrittes etwa verdoppelt: 20 μl, 50 μl, 100 μl, 200 μl, 500 μl, 1 ml, 2 ml.
Der pH_2S-Wert berechnet sich dann für pH ≤ 5 beim i-ten Zugabeschritt:

$$pH_2S_i = -\lg c(H_2S_i)$$

$$= -\lg \left[c(Na_2S)_{Standard} \times \frac{V_{Zugabe}}{V_{Puffer} + V_{Zugabe}} \right]$$

$c(Na_2S)_{Standard}$:	jodometrisch ermittelte wahre Konzentration der Na_2S-Lösung $[mol \times L^{-1}]$
V_{Puffer}:	Volumen der Pufferlösung [ml]
V_{Zugabe}:	Summe der bisher zugegebenen Volumina beim Zugabeschritt i [ml]

Die Messung in den Standardlösungen liefert die EMK-Werte als Funktion der vorgelegten pH_2S-Werte. Beim Ablesen der mV-Werte gilt als Faustregel, daß der Wert etwa 2 Minuten stabil sein sollte. Bei der kleinsten Konzentration kann das Erreichen der Stabilität unter Umständen relativ lange dauern.

d) Es folgt das Aufstellen einer pH_2S-Eichgerade.

Regression EMK als $f(pH_2S)$:

$$EMK = const. - S \times pH_2S$$

Hier gibt S die **Steilheit** der Elektrode an. Sie sollten bei Raumtemperatur ≈ 30 mV betragen. Sowohl im oberen pH_2S-Bereich (niedrige Konzentrationen) als auch im unteren pH_2S-Bereich (hohe Konzentrationen, Schwefel- und Polysulfidbildung) ist die Eichgerade unter Umständen nicht mehr linear. Deshalb müssen die Eichwerte in Millimeterpapier eingezeichnet und der lineare Abschnitt graphisch ausgewertet werden.
Diese Umformung liefert:

$$pH_2S = \frac{const. - EMK}{S}$$

Aufgabe 3: Messung des Ionenaktivitätsprodukts von FeS · aq

Geräte und Reagenzien

- 2 pH-Meter
- Thermometer
- geschlossenes Probengefäß, Magnetrührer
- pH_2S-Meßkette
- pH-Meßkette mit Inertelektrolytbrücke
- 0,1 $mol \times L^{-1}$ $(NH_4)_2Fe(SO_4)_2 \times 6H_2O$ in 0,0005 $mol \times L^{-1}$ H_2SO_4

- Na_2S – Standardlösung, 0,1 mol × L^{-1} S(–II)
- Pipetten
- N_2-Gasflasche

Durchführung

Um das IAP zu ermitteln, müssen bei bekannter Eisenionenaktivität der pH- und der pH_2S-Wert gemessen werden. Man geht wie folgt vor:

100 ml einer Lösung mit 0,1 mol × L^{-1} $(NH_4)_2Fe(SO_4)_2 \times 6H_2O$ (Mohrsches Salz, Fe(II) weist hier eine hohe Stabilität gegen Oxidation auf) und 0,0005 mol × L^{-1} H_2SO_4 werden 10 Minuten mit N_2 begast, um den reaktionsfreudigen Sauerstoff zu verdrängen.

In das Probengefäß wird mit einer Injektionsspritze 1 ml Sulfid-Standardlösung pipettiert (man beachte die Fällungsreaktion!) und dann der pH_2S- und der pH-Wert gemessen.

Wichtig! Das Probegefäß muß bei Zugabe von S^{2-} geschlossen sein, und die Elektroden müssen bereits in die Lösung eintauchen (Ausgasung von H_2S).

Auswertung und Diskussion

1. Berechnen Sie die Aktivität des Fe^{2+}-Ions in der Meßlösung zur Bestimmung des IAP von FeS. Zur Berechnung des Aktivitätskoeffizienten benutzen Sie die Davies-Näherung (vergleiche Abschnitt 3.1.5):

$$-\lg\gamma = A \times z^2 \times \left(\frac{\sqrt{I}}{1+\sqrt{I}} - 0{,}3 \times I\right)$$

A: 0,5 für T = 25 °C
z: Ladung des jeweiligen Ions
I: Ionenstärke

2. Berechnen Sie das Ionenaktivitätsprodukt unter Berücksichtigung der Temperatur mit Hilfe von Gleichung 3.35.

3. Ist die Lösung bezüglich FeS übersättigt? Diskutieren Sie Ihr Ergebnis.
4. Überlegen Sie, wieviel Na_2S-Lösung zu einer 0,001-molaren HCl-Lösung höchstens zugegeben werden darf, damit gilt: $c(H_2S) = 0{,}99 \times c(S(-II))$?
5. Woher kommt der Faktor 2 in der Formel zur Berechnung des Titers der Sulfidstammlösung?

3.3.7 Literatur

Bücher

Schwoerbel, J. *Einführung in die Limnologie.* (UTB) 1993.

Smith, R. M.; Martell, P. E. *Critical Stability Constants. Volume 4, Inorganic Complexes.* New York (Plenum) 1976.

Wetzel, R. G. *Limnology.* Philadelphia (W. B. Saunders) 1981.

Zeitschriften

Balzer, W. *On the Distribution of Iron and Manganese at the Sediment/Water Interface: Thermodynamic Versus Kinetic Control.* In: *Geochim. Cosmochim.* Acta 46 , 1982, S. 1153–1161.

Berner, R. A. *Thermodynamic Stability of Sedimentary Iron Sulfides.* In: *American J. of Science* 265 , 1967, S. 773–785.

Broderius, S. I.; Smith jr., L. L. *Direct Determination and Calculation of Aqueous Hydrogen Sulfide.* In: *Analytische Chemie* 49, 1977, S. 424–428.

Davies-Colley, R. J.; Nelson, P. O.; Williamson, K. J. *Sulfide Control of Cadmium and Copper Concentrations in Anaerobic Estuarine Sediments.* In: *Marine Chemistry* 16 , 1985, S. 173–186.

Davison, W. *A Critical Comparison of The Measured Solubilities of Ferrous Sulphide in Natural Waters.* In: *Geochim. Cosmochim.* Acta 44 , 1980, S. 803–808.

Frevert, T.; Galster, H. *Schnelle und einfache Methode zur In situ-Bestimmung von Schwefelwasserstoff in Gewässern und Sedimenten.* In: *Schweiz. Z. Hydrol.* 40, 1978, S. 199–208.

Peiffer, S.; Peters, K.; Frevert, T. *Ein neues vereinfachtes Eichverfahren der direktpotentiometrischen* pH_2S-Meßkette. In: *gwf-Wasser/Abwasser* 127, 1986, S. 31–32.

Peiffer, S.; Frevert, T. *Potentiometric Determination of Heavy Metal Sulphide Solubilities Using a* pH_2S (Glass//Ag/Ag_2S) Electrode Cell. In: *Analyst* 112 , 1987, S. 951–954.

Peiffer, S. *Predicting Trace Metal Speciation in Sulphidic Leachates from Anaerobically Digested Waste Material by Use of the* pH_2S-Value as a Mastervariable. In: *J. Cont. Hydrol.* 16, 1994, S. 289–313.

Peters, K.; Huber, G.; Netsch, S.; Frevert, T. *Methode zur direktpotentiometrischen* In situ-*Registrierung von Schwefelwasserstoff in einer Kläranlage.* In: *gwf-Wasser/Abwasser* 125 H.8 , 1984, S. 386–390.

Schoonen, M. A. A.; Barnes, H. L. *An Approximation of the Second Dissociation Constant for* H_2S. In: *Geochim. Cosmochim.* Acta 52, 1988, S. 649–654.

3.3.8 Anhang

Anhang I: Löslichkeitsprodukte der wichtigsten Metallsulfide

Tabelle 3.4: (nach Smith und Martell) I = 0, T = 25 °C

Metall		$\lg K_{sp}$
Mn^{2+}	(rosa)	–10,5
	(grün)	–13,5
Fe^{2+}		–18,1
Co^{2+}	α	–21,3
	β	–25,6
Ni	α	–19,4
	β	–24,9
	γ	–26,6
Cu^{2+}		–36,1
Cu^{+}		–48,5
Ag^{+}		–49,7
Zn^{2+}	α	–24,7
	β	–22,5
Cd^{2+}		–25,8
Hg^{2+}	(schwarz)	–52,7
	(rot)	–53,3
Sn^{2+}		–25,9
Pb^{2+}		–27,5

Anhang II: Herstellung eines Sulfidstandards

0,1 mol × L^{-1} S(–II)-Standards werden angesetzt mit $Na_2S \cdot 9H_2O$ angesetzt und jodometrisch eingestellt. Man verwende hierfür nur frisches Natriumsulfid. Gelb überdeckte (oxidierte) Kristalle können jedoch mit bidestilliertem Wasser gewaschen und nach dem Trocknen auf Zellstoff eingewogen werden.

4. Komplexe gewässerchemische Fragestellungen

4.1 Charakterisierung des Kalk-Kohlensäure-Gleichgewichts einer Wasserprobe

4.1.1 Einführung

Kohlendioxid (CO_2) löst sich in Wasser, wobei es – im Gegensatz zu O_2 – Säure-Base-Reaktionen mit H_2O eingeht. CO_2 wird bei 0 °C etwa zu 1,1 mg × L^{-1} (= 2,5 × 10^{-5} mol × L^{-1}), bei 15 °C zu 0,6 mg × L^{-1} (= 1,5 × 10^{-5} mol × L^{-1}) gelöst.

Folgende Gleichgewichtsreaktionen treten auf (I = 0; T = 25 °C):

$$CO_{2(gas)} + H_2O \leftrightarrow H_2CO_3^*;$$

$$K_H = \frac{a(H_2CO_3^*)}{P_{CO_2}} = 10^{-1,5} \text{ mol} \times L^{-1} \text{ atm}^{-1} \tag{4.1}$$

wobei gilt für I = 0:

$$a(H_2CO_3^*) = c(H_2CO_3^*) = c(H_2CO_3) + c(CO_2 \cdot aq)$$

P_{CO_2}: Partialdruck der Kohlensäure [atm.]
$c(H_2CO_3)$: echte Kohlensäure, d. h. mit H_2O chemisch gebundenes CO_2
$c(CO_2 \cdot aq)$: physikalisch gelöstes CO_2
$c(H_2CO_3^*)$: „zusammengesetzte“ Kohlensäure = Gesamtkohlensäure

$$H_2CO_3^* + H_2O \leftrightarrow H_3O^+ + HCO_3^-$$

$$K_{a1} = \frac{a(H_3O^+) \times a(HCO_3^-)}{a(H_2CO_3^*)} = 10^{-6,4}\ \text{mol} \times L^{-1} \qquad (4.2)$$

$$HCO_3^- + H_2O \leftrightarrow H_3O^+ + CO_3^{2-}$$

$$K_{a2} = \frac{a(H_3O^+) \times a(CO_3^{2-})}{a(HCO_3^-)} = 10^{-10,4}\ \text{mol} \times L^{-1} \qquad (4.3)$$

Die pH-Abhängigkeit der einzelnen Gleichgewichtskomponenten läßt sich im pH-Stabilitätsdiagramm darstellen (Abbildung 4.1). Auf der Ordinate ist der negative dekadische Logarithmus der Konzentration eingetragen.

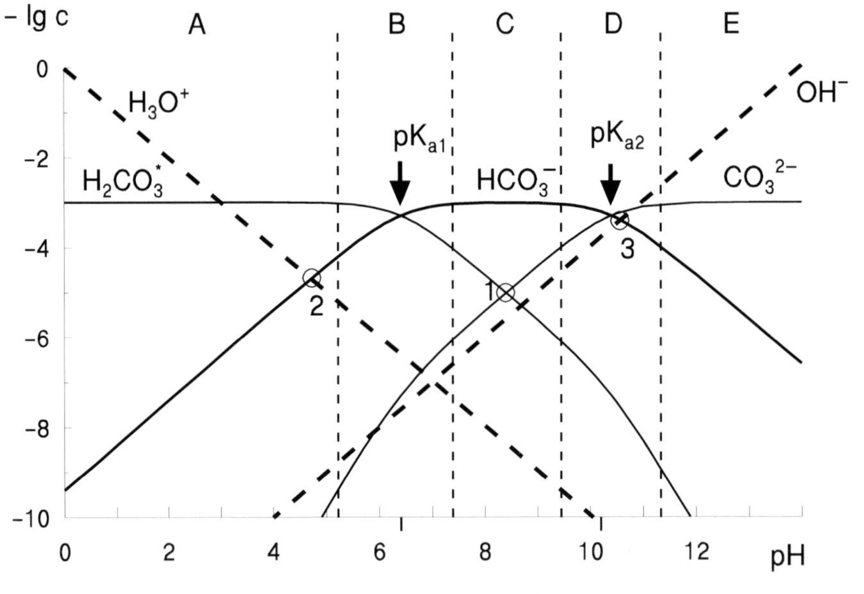

4.1 pH-Stabilitätsdiagramm des Systems $H_2CO_3^*/HCO_3^-/CO_3^{2-}$. Die gestrichelten Linien markieren die Konzentration an H_3O^+ bzw. OH^-. Die Abschnitte A bis E und die Schnittpunkte 1 bis 3 sind im Text erklärt.

Die Bereiche A bis E des **Stabilitätsdiagramms** bezeichnen:

A (pH 0 – 5,4): praktisch nur $H_2CO_3^*$ vorhanden
B (pH 5,4 – 7,4): $c(H_2CO_3^*) + c(HCO_3^-) = c(CO_2)_{tot}$
C (pH 7,4 – 9,4): praktisch nur HCO_3^- vorhanden
D (pH 9,4 – 11,4): $c(HCO_3^-) + c(CO_3^{2-}) = c(CO_2)_{tot}$
E (pH 11,4 – 14): praktisch nur CO_3^{2-} vorhanden

Die Punkte 1 bis 3 sind die Äquivalenzpunkte des Systems. Bis zu diesen Punkten muß jeweils titriert werden, um eine Spezies in die andere zu überführen. Die Punkte charakterisieren folgende Eigenschaften des Systems:

1. $c(CO_3^{2-}) = c(H_2CO_3^*)$
   pH-Wert minimaler **Pufferung** des Gesamtsystems (pH = 8,3);
2. $c(H_3O^+) = c(HCO_3^-)$
   minimal erreichbarer pH-Wert bei Abwesenheit von Fremdsäuren;
3. $c(OH^-) = c(HCO_3^-)$
   maximal erreichbarer pH-Wert bei Abwesenheit von Fremdbasen.

Bei den Punkten 2 und 3 hängen die pH-Werte von $c(CO_2)_{tot}$ ab.

Kalk-Kohlensäure-Gleichgewicht

Das Gleichgewichtssystem zwischen gelöstem Kohlendioxid, HCO_3^- und CO_3^{2-} auf der einen Seite und Calcit ($CaCO_3$) auf der anderen Seite ist das wichtigste Puffersystem des Süßwassers. In Gewässern aus Kalkeinzugsgebieten werden Protonen nach folgender Reaktion abgepuffert und somit „neutralisiert":

$$CaCO_3 + H_3O^+ \rightarrow Ca^{2+} + HCO_3^- + H_2O$$

Für den häufigen Fall, daß die Protonen aus der Kohlensäure stammen, lautet die Reaktion vereinfacht:

$$CaCO_3 + H_2CO_3 \rightarrow Ca^{2+} + 2HCO_3^-$$

Es findet also eine **Kalklösung** statt.

Der pH-Wert, der sich in Gegenwart von $CaCO_3$ im Wasser einstellt, ist daher von dessen Kohlensäuregehalt und dem konstanten **Löslichkeitsprodukt** des Calcits abhängig:

$$CaCO_3 \leftrightarrow Ca^{2+} + CO_3^{2-}$$

$$K_{so} = a(Ca^{2+}) \times a(CO_3^{2-}) = 10^{-8,3}\ mol^2 \times L^{-2} \qquad (4.4)$$

Gleichgewichtskohlensäure

Über das Protolysegleichgewicht korrespondiert zu dem CO_3^{2-}-Ion im Gleichgewicht mit dem Calcit-Bodenkörper eine bestimmte Konzentration an $H_2CO_3^*$. Die Konzentration dieser **Gleichgewichtskohlensäure** hängt wiederum vom pH-Wert ab. Sie kann berechnet werden als:

$$c(H_2CO_3^*)_{gg} = \frac{a(Ca^{2+}) \times a(HCO_3-)^2 \times K_{a2}}{K_{a1} \times Ksp(CaCO_3)} \qquad (4.5)$$

Die genaue Herleitung von Gleichung 4.5 findet sich im Anhang I zu diesem Abschnitt.

Die Gleichgewichtskohlensäure kann über die Meßgrößen $c(Ca^{2+})$ und $c(HCO_3^-)$ berechnet werden.

Gleichgewichts-pH-Wert

Aus den Formeln (4.3) und (4.4) läßt sich der pH-Wert errechnen, bei dem sich das Kalk-Kohlensäure-System im Gleichgewicht befindet (Herleitung im Anhang II).

$$pH_{gg} = pK_{a2} + pHCO_3^- + pCa^{2+} - pK_{sp(CaCO_3)} \qquad (4.6)$$

Aggressive Kohlensäure

Häufig besteht in einem Gewässer kein Gleichgewicht bezüglich der festen Phase $CaCO_3$. Dies trifft vor allem dann zu, wenn CO_2-reiches Grund- oder Bodenwasser in Kontakt mit $CaCO_3$ kommt. Zwar korrespondiert ein Teil der gelösten Kohlensäure über das Löslichkeitsgleichgewicht von $CaCO_3$ mit der Festphase (Gleichgewichtskohlensäure, Gleichung 4.5), doch verfügt die wäßrige Lösung aufgrund des Ungleichgewichts über zusätzliche **Azidität** in Form von CO_2. Die Bestimmung des Anteils **aggressiver Kohlensäure**, dessen Kenntnis für die (technische) Verwendung eines natürlichen Wassers von wesentlicher Bedeutung ist (Angriff von Rohrleitungen), erfolgt nach:

$$c(H_2CO^*_{3aggr.}) = c(H_2CO^*_{3gemessen}) - c(H_2CO^*_{3gg}) \qquad (4.7)$$

oder durch direkten Versuch („Heyer-Versuch"). Dazu wird die Wasserprobe mit Marmorpulver versetzt und die Menge des verbrauchten Pulvers bestimmt.

Langelier-Index

Das Kalk-Kohlensäure-System ist ein Dreiphasensystem (Feststoff, Lösung, Gas). Bei zwei der insgesamt vier betrachteten Gleichgewichte (Gleichung 4.2 und 4.3) wird grundsätzlich von einer Gleichgewichtseinstellung ausgegangen, weil nur Ionen beteiligt sind, die in Form von Säure-Base-Reaktionen miteinander in Wechselwirkung stehen. Solche Gleichgewichte stellen sich in der Regel in wenigen Millisekunden ein. Bei den zwei anderen Reaktionen (Gleichungen 4.1 und 4.4) finden Phasenübergänge statt. Sie sind kinetisch mehr oder weniger stark gehemmt, chemische Ungleichgewichte sind die Regel (z. B. die Bildung von aggressiver Kohlensäure, die nicht im Gleichgewicht mit $CaCO_3$ steht, oder die Übersättigung einer Lösung mit Ca^{2+}- und CO_3^{2-}-Ionen, vergleiche auch die Hinweise zum Sättigungsindex in Abschnitt 3.3).

Da vor allem für die Trinkwasseraufbereitung die Frage nach der Einstellung des **Kalk-Kohlensäure-Gleichgewichts** von großer Bedeutung ist (Mischbarkeit von Wässern unterschiedlicher Herkunft), hat man eine einfache Meßgröße eingeführt, mit deren Hilfe diese Fragen beurteilt werden können. Diese Größe ist der Langelier-Index i_L. Dabei wird der gemessene pH-Wert mit dem Gleichgewichts-pH-Wert verglichen.

$$i_L = pH - pH_{gg} \tag{4.8}$$

pH: gemessener pH-Wert
pH_{gg}: berechneter Gleichgewichts-pH-Wert nach Gleichung (4.6)

Aus der Größe von i_L sowie dessen Vorzeichen kann eine Aussage über das Verhalten eines Wassers gegenüber $CaCO_3$ getroffen werden (vergleiche Aufgabe 2 in Abschnitt 4.1.2).

Der Langelier-Index entspricht dabei numerisch exakt dem Sättigungsindex (vergleiche Abschnitt 3.3.3) für Calcit.

Bei der Berechnung des Langelier-Index muß darauf geachtet werden, daß in kalkhaltigen Wässern erhöhte Ionenstärken auftreten können, die berücksichtigt werden müssen. Da maßanalytisch (also titrimetrisch) erfaßte Meßgrößen Konzentrationen sind, müssen diese über den Aktivitätskoeffizienten in Aktivitäten umgerechnet werden. Zur exakten Berechnung der Ionenstärke ist es notwendig, alle in größerer Konzentration auftretenden Ionen zu bestimmen. Unter bestimmten Voraussetzungen läßt sich die Ionenstärke näherungsweise auch über eine Leitfähigkeitsmessung ermitteln (siehe Abschnitt 4.1.2, Aufgabe 6).

Säurebindungsvermögen oder Alkalinität bis pH 4,3

(*Alkalinity*, auch Säurekapazität, m-Wert von Methylrot als Umschlagsindikator.)

Eine Wasserprobe wird so lange mit Salzsäure bekannter Konzentration versetzt, bis die zugegebenen H_3O^+-Ionen nicht mehr gebunden werden, bzw. der pH-Wert der Wasserprobe wird so weit erniedrigt, bis das Protolysegleichgewicht der Kohlensäure zu über 99 % auf seiten des CO_2 liegt. Dies ist in guter Näherung bei einem pH-Wert von 4,3 der Fall. Die Wahl dieses Endpunktes ergibt sich daraus, daß mit der Säurekapazität vor allem die gebundene Kohlensäure (HCO_3^-, CO_3^{2-}) erfaßt werden soll.

Der Äquivalenzpunkt der Titration gebundener Kohlensäure (Punkt 2 im Stabilitätsdiagramm, Abbildung 4.1) ist jedoch abhängig von der Konzentration der Gesamtkohlensäure $c(CO_2)_{tot}$ und liegt somit nicht exakt bei einem pH-Wert von 4,3. Man macht also immer einen kleinen Titrationsfehler, der näherungsweise berechnet werden kann (vergleiche Anhang III).

Durch die Titration werden grundsätzlich alle säurebindenden, im Wasser gelösten oder suspendierten Stoffe erfaßt, soweit die Reaktionsgeschwindigkeit groß genug ist (Summenparameter). Im wesentlichen handelt es sich um die Bindung der zugegebenen H_3O^+-Ionen durch die in der Wasserprobe enthaltenen Anionen schwacher Säuren. In karbonatreicheren natürlichen Wässern entspricht das Säurebindungsvermögen vor allem dem Gehalt an HCO_3^--Ionen. Bei höherem pH treten CO_3^{2-}-Ionen und in kalkreichem Wasser außerdem noch suspendiertes $CaCO_3$ auf.

Umsetzungen:

$$CO_3^{2-} + H_3O^+ \rightarrow HCO_3^- + H_2O$$
$$HCO_3^- + H_3O^+ \rightarrow H_2CO_3^* + H_2O$$

Bei Wasserproben, die Kohlensäure als einzige relevante Säure enthalten, gilt:

$$Alk = c(HCO_3^-) + [2 \times c(CO_3^{2-}) + c(OH^-) - c(H_3O^+)] \qquad (4.9)$$

Die in eckige Klammern gesetzten Summanden sind in natürlichen Wässern mit pH-Werten < 8,4 vernachlässigbar (vergleiche pH-Stabilitätsdiagramm der Kohlensäure), so daß unter diesen Bedingungen die titrimetrische Bestimmung des Säurebindungsvermögens eine Methode zur Bestimmung der Konzentration an HCO_3^--Ionen ist.

In karbonatarmen Wässern können Anionen organischer Säuren (u. a. Huminsäuren) stärker ins Gewicht fallen ($A^- + H_3O^+ \rightarrow HA + H_2O$), so daß dann das Säurebindungsvermögen wesentlich größer ist als die HCO_3^--Konzentration. Die Anionen dieser Säuren tragen dementsprechend auch zur **Alkalinität** in Gleichung 4.9 bei. Bei genauen Messungen ist auch das Säurebindungsvermögen der Phosphat- und Silikationen zu berücksichtigen, besonders wenn deren Konzentrationen erhöht sind.

Basenkapazität oder Azidität (Acidity)

Analog zum Säurebindungsvermögen wird bei der Basenkapazität eine Wasserprobe mit NaOH-Lösung bekannter Konzentration versetzt, bis die zugegebenen OH^--Ionen nicht mehr durch HCO_3^- gebunden werden. Dies ist normalerweise bei pH = 8,3 der Fall, d. h. das im Wasser gelöste Kohlendioxid ($CO_2 \cdot aq$) sowie die gelöste Kohlensäure ($H_2CO_3^*$) liegen bei diesem pH-Wert als Hydrogenkarbonationen (HCO_3^-) vor.

Umsetzung:

$$H_2CO_3^* + OH^- \rightarrow HCO_3^- + H_2O$$

Bei Wasserproben, die Kohlensäure als einzige relevante Säure enthalten, gilt:

$$Azi = c(H_2CO_3^*) + [c(H_3O^+) - c(OH^-) - c(CO_3^{2-})] \qquad (4.10)$$

Für pH-Werte der Proben > 5 sind die in eckige Klammern gesetzten Summanden zu vernachlässigen (vergleiche Stabilitätsdiagramm). Die Basenkapazität ist somit eine Meßgröße für die gelöste freie Kohlensäure $H_2CO_3^*$.

Da – wie bei der Säurekapazität – in erster Linie die gelöste Kohlensäure betrachtet wird, verfälschen anwesende schwache Säuren mit $pK_a \leq 6,4$ die Interpretation der Basenkapazitätsdaten hinsichtlich der gelösten Kohlensäure. Störsäuren sind in natürlichen Süßwässern vor allem Huminsäuren oder andere organische Säuren.

Beziehung zwischen Azidität und Alkalinität

Azidität und Alkalinität leiten sich aus einer Protonenbilanz bezüglich verschiedener Referenzspezies in einer wäßrigen Lösung ab. Die Alkalinität bezeichnet dabei die Konzentrationsdifferenz zwischen Spezies, die in der Lage sind, in bezug auf eine Referenzspezies (hier $H_2CO_3^*$ und H_2O) Protonen aufzunehmen, (HCO_3^-, CO_3^{2-}, OH^-) und Spezies, die Protonen bezüglich der Referenzspezies abgeben können (H_3O^+):

$$Alk = \Sigma\, n_i \times c(PAkz_i) - \Sigma\, n_i \times c(PD_i) \tag{4.11}$$

n: Anzahl der Protonen, die eine Spezies bezüglich einer Referenzspezies aufnehmen kann
c(PAkz): Konzentration eines Protonenakzeptors
c(PD): Konzentration eines Protonendonators

Umgekehrt bezeichnet die Azidität die Konzentrationsdifferenz zwischen Spezies, die in bezug auf eine Referenzspezies (hier HCO_3^- und H_2O) Protonen abgeben können ($H_2CO_3^*$, H_3O^+), und Spezies, die Protonen aufnehmen können (CO_3^{2-}, OH^-):

$$Azi = \Sigma\, n_i \times c(PD_i) - \Sigma\, n_i \times c(PAkz_i) \tag{4.12}$$

Die Summe aus Alkalinität und Azidität ergibt die Summe der Gesamtkonzentration der jeweiligen Spezies:

$$Alk + Azi = \Sigma\, c_i$$

Sie ist somit ein Maß für die Konzentration schwacher Säuren und Basen. Im Beispiel der Kohlensäure folgt aus den Gleichungen 4.9 und 4.10 die Massenbilanz für die Gesamtkohlensäure:

$$Alk + Azi = c(H_2CO_3^*) + c(HCO_3^-) + c(CO_3^{2-}) \tag{4.13}$$

Die Wahl der Referenzspezies ist willkürlich und hängt von der jeweiligen Fragestellung ab. So ergibt sich eine wesentlich höhere Azidität, wenn CO_3^{2-} als Referenzspezies gewählt wurde:

$$Azi_{CO_3^{2-}} = 2 \times (H_2CO_3^*) + c(HCO_3^-) - c(OH^-) + c(H_3O^+)$$

Die titrimetrische Bestimmung dieser Azidität erfolgt durch Titration bis zum Äquivalenzpunkt $c(CO_3^{2-}) = c(OH^-)$, d. h. bis pH = 10,8 (Punkt 3 im Stabilitätsdiagramm).

Hinweise zur Probenahme

Die größten Probleme bei der Charakterisierung des Kalk-Kohlensäure-Gleichgewichts treten als Folge der Variabilität der Kohlensäurekonzentration auf. Ist eine Probe an CO_2 übersättigt, kann CO_2 am Arbeitsplatz ausgasen und umgekehrt. Wesentlich ist, daß sich bei diesem Vorgang der pH-Wert ändert. Zusätzlich kommt natürlich der Einfluß des Temperaturunterschiedes zwischen Meß- und Probenahmeort hinzu. Der pH-Wert sollte deshalb immer vor Ort gemessen werden (man bedenke die Temperaturabhängigkeit des Meßsignals, vergleiche Abschnitt 2.2). Aus- oder Eingasen von CO_2 hat auf die Konzentration der Alkalinität keinen Einfluß (vergleiche die Definitionsgleichung 4.9). Kritisch wird die genaue Bestimmung der Alkalinität dann, wenn $CaCO_3$ ausfällt. Bei der Bestimmung der Azidität treten jedoch wegen der Möglichkeit der Ein- und Ausgasung von CO_2 massive Probleme auf, so daß mit einer relativ hohen analytischen Ungenauigkeit gerechnet werden muß (siehe Hinweis unter 4.1.2, Aufgabe 3).

Ökochemische Bedeutung der CO_2-Hydrochemie und des Kalk-Kohlensäure-Gleichgewichts

Die pH-abhängige Löslichkeitschemie von Kohlendioxid ist von großer Bedeutung für alle photoautotrophen und chemoautotrophen Organismen der Hydrosphäre. Organismen, die *nur* CO_2 oder $H_2CO_3^*$ assimilieren (Mehrzahl der Moose), sind bei pH > 7,4 nur bei hohen Gesamtkarbonatgehalten zur Photosynthese befähigt. Andere – vor allem solche, die HCO_3^- enzymatisch in CO_2 und OH^- spalten können (Grünalgen u. a.) – sind bis pH ~11,4 wachstumsfähig. Oberhalb dieses pH-Werts ist die Konzentration von HCO_3^- verschwindend klein, so daß assimilatorisches Wachstum kaum mehr möglich ist. Das CO_3^{2-}-Ion kann nicht assimiliert werden.

Die einseitige Assimilation der Säure CO_2 führt zum Anstieg des pH-Werts der Lösung und damit zu positiven Langelier-Indices und mehr oder weniger rasch zur biogenen **Kalkfällung**; diese hält so lange an, bis das Gleichgewicht zwischen $H_3O^+/H_2CO_3^*/CaCO_3$(Calcit) hergestellt ist ($i_L = 0$). Biogene Kalkfällung führt somit zur Konzentrationserniedrigung von $c(CO_2)_{tot}$ und damit unter Umständen zur kohlenstoffbedingten Wachstumsbegrenzung.

Verkarstung von Landschaften mit Kalkgesteinen

Verkarstung ist eine Folge des chemischen Angriffs (Korrosion) von Wasser auf Gestein (im Gegensatz zur mechanisch wirkenden Erosion). Kalk (Calcit) kann sich in destilliertem Wasser nur in ganz kleinen Mengen lösen. Regenwasser wirkt wegen seines natürlichen Kohlensäuregehaltes und wegen anderer Regeninhaltsstoffe als schwache Säure, so daß erheblich mehr Kalk gelöst werden kann. Bodenwasser, welches in Gesteinsklüfte eindringt, ist jedoch noch deutlich aggressiver gegen Kalk und verdankt diese Eigenschaft wesentlich dem hohen Kohlensäuregehalt, den es während der Bodenpassage erhält (in der Bodenluft können CO_2-Gehalte von mehreren Prozent erreicht werden). Verkarstung läuft in bodenüberdeckten Mittelgebirgen oder in den Tropen schneller und intensiver ab als in Hochgebirgen, weil bei ersteren infolge der intensiveren mikrobiellen Umsetzungen in den Böden höhere CO_2-Gehalte erreicht werden.

Weil sich das Sickerwasser in den oberen Gesteinsbereichen recht langsam abwärts bewegt, wird normalerweise rasch eine Sättigung mit Calcit erreicht, und die Verkarstung würde sich auf oberflächennahe Bereiche beschränken. Für eine durchgehende Ausbildung von weiträumigen Karstwasserwegen bis zu unter Umständen weit entfernten Karstquellen ist das Phänomen der **Mischungskorrosion** (Abbildung 4.2) mitverantwortlich. Fließen zwei Gewässer zusammen, die kalkgesättigt sind, aber unterschiedliche Kalkgehalte haben, so ist die Mischung kalkuntersättigt (dieses Problem tritt auch bei der Mischung von Trinkwässern verschiedener Herkunft auf, vergleiche Abschnitte über aggressive Kohlensäure und den Langelier-Index). Auf dem Weg des Wassers von der Versickerung bis zum Quellaustritt kommt es immer wieder zu solchen Vermischungen, so daß auch weit entfernt von der Versickerungsstelle noch Kalklösung stattfinden kann.

Gaserfüllte Karsthohlräume stehen normalerweise in einem relativ engen Kontakt zur Atmosphäre und weisen demzufolge CO_2-Gehalte auf, die eher dem der Atmosphäre als denen der Bodenluft ähnlich sind. Eindringendes Sickerwasser, dessen CO_2-Gehalt durch die Eingasung von CO_2 aus der Bodenluft geprägt wurde, ist deshalb massiv CO_2-übersättigt. Es kommt zur Ausgasung und infolgedessen zur Übersättigung von Calcit. Tropfsteinbildung ist die Folge dieser Vorgänge und beruht nicht etwa auf der Verdunstung des Wassers.

Karstquellwasser weist bei seinem Austritt aus der Quelle gewöhnlich noch eine deutliche Übersättigung von CO_2 gegenüber dem CO_2 -Partialdruck der Atmosphäre auf (10-fache Übersättigung ist nicht außergewöhnlich). Durch den nun sehr intensiven Kontakt mit der Atmosphäre kommt es rasch zur Ausgasung von CO_2, unterstützt durch die assimilatorischen Aktivitäten von Wasserpflanzen. Deshalb kann häufig ein deutlicher pH-Wert-Anstieg im Verlauf der obersten Fließstrecke des Baches beobachtet werden. Die Folge ist wiederum Kalkfällung. Der ausgefallene Kalk wird entweder als Suspension abtransportiert oder er kann sich – im Zusammenwirken mit Algen – als sogenannter Kalktuff ablagern. Solche Kalktufflager können beträchtliche Ausmaße erreichen und wurden früher auch in Steinbrüchen zur Baumaterialgewinnung abgebaut.

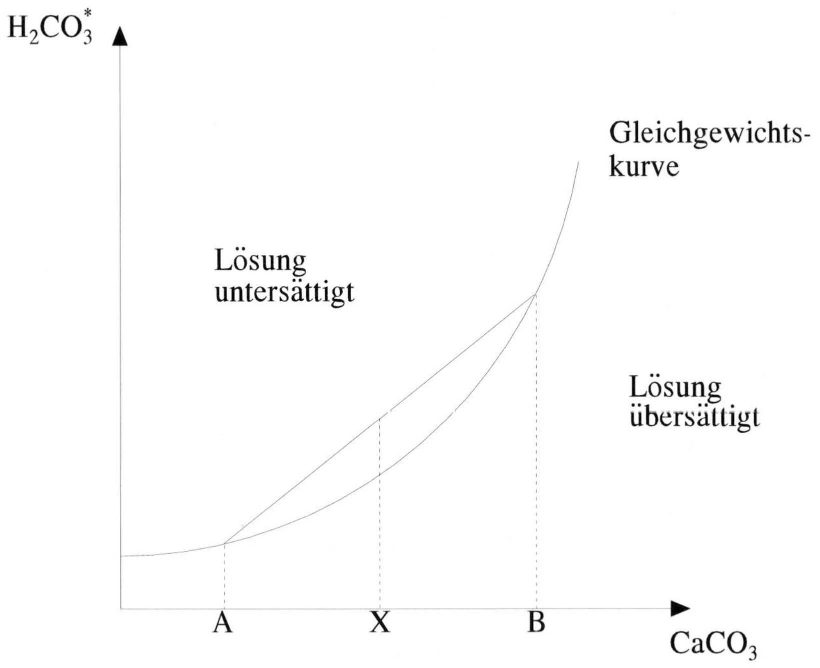

4.2 Mischungskorrosion: Betrachtet werden zwei Wässer A und B, die beide an $CaCO_3$ gesättigt sind. Mischen sich diese beiden im Verhältnis 1:1, so liegt der Gehalt an $H_2CO_3^*$ in der Mitte der beiden Wässer A und B. Somit ist das entstandene Mischwasser X untersättigt an $CaCO_3$, also kalkaggressiv, bis sich wieder ein neues Gleichgewicht eingestellt hat.

Wasserhärte

Wasserhärte ist eine unspezifische Bezeichnung für das Verhalten des Wassers gegenüber Seifenlösung (Bildung unlöslicher Ca- und Mg-Seifen bei Anwesenheit dieser Kationen). Sie wurde früher auch mit eingestellter Seifenlösung bestimmt. Die Angabe erfolgt in °dH (deutschen Härtegraden):

$$1\ °dH = 10{,}00\ mg \times L^{-1}\ CaO = 7{,}14\ mg \times L^{-1}\ Ca$$
$$= 0{,}179\ mmol \times L^{-1}\ Ca$$

$$\text{oder } 7{,}19\ mg \times L^{-1}\ MgO = 4{,}34\ mg \times L^{-1}\ Mg$$
$$= 0{,}179\ mmol \times L^{-1}\ Mg$$

Umrechnung in französische und englische Härtegrade erfolgt nach:

1 °dH = 1,25 °englische Härtegrade = 1,79 °französische Härtegrade.

Neben den nationalen Härtegraden gibt es noch folgende Begriffe:
- Gesamthärte (*total hardness*);
- Carbonathärte und Nichtcarbonathärte, Sulfathärte;
- permanente und temporäre Härte.

Die Nomenklatur ist recht verwirrend und auch irreführend. Es kommt z.B. häufig vor, daß die Karbonathärte größer ist als die Gesamthärte. Es ist daher vorteilhaft, den Härtebegriff in der Hydrochemie völlig aufzugeben und dafür die Konzentration der gelösten Stoffe in mol × L^{-1} anzugeben, zumal die Konzentrationen einzelner Ionen durch spezifische Methoden selektiv ermittelt werden können. So werden die Erdalkali-Kationen mittels Atomabsorptionsspektroskopie oder Flammenemission, ionenchromatographisch oder – wie in diesem Experiment – durch komplexometrische Titration bestimmt.

Tabelle 4.1: Härtestufen zur Klassifikation eines Wassers hinsichtlich seiner Härte (nach Klut-Olszewski, 1945)

°d Gesamthärte	c(Ca)+c(Mg) in mmol × L^{-1}	Härteäquivalent
< 4	> 30	sehr weich
4 – 8	0,71 – 1,43	weich
8 – 12	1,43 – 2,14	mittelhart
12 – 18	2,14 – 3,21	etwas hart
18 – 30	3,21 – 5,36	hart
< 0,71	> 5,36	sehr hart

Tabelle 4.2: Beziehung zwischen Härtegrad und Konzentration an Gesamthärte (= $c(Ca^{2+}) + c(Mg^{2+})$)

Härtebereich	Konzentration Gesamthärte (in mmol × L^{-1})	Härtegrad
1	< 1,3	< 7,3 °dH
2	1,3 – 2,5	7,3 –14 °dH
3	2,5 – 3,8	14 – 21,3 °dH
4	> 3,8	> 21,3 °dH

Für die Qualifikation eines Wassers hinsichtlich seiner Härte werden Härtestufen (nach Klut-Olszewski, 1945) verwandt (Tabelle 4.1). Diese Einteilung ist nicht zu verwechseln mit den Härtestufen nach dem „Gesetz über die Umweltverträglichkeit von Wasch- und Reinigungsmitteln (Waschmittelgesetz)“ vom 20.08.1975. Nach diesem Gesetz (§ 7, Absatz 1.4) werden verschiedene Härtestufen (Tabelle 4.2) unterschieden.

4.1.2 Experimenteller Teil

Das Programm zur Untersuchung einer Wasserprobe gliedert sich in folgende Einzelschritte:

1. Bestimmung des pH-Wertes;
2. Bestimmung des Säurebindungsvermögens (Alkalinität);
3. Bestimmung der Basenkapazität (Azidität), Bestimmung des Titers der NaOH-Lösung;
4. Bestimmung der Gesamthärte;
5. Bestimmung des Calciumgehalts;
6. Leitfähigkeitsmessung und Berechnung der Ionenstärke mit Hilfe der angegebenen Näherung, falls die dort geforderten Voraussetzungen gültig sind. Andernfalls handelt es sich bei der untersuchten Wasserprobe nicht um ein karbonatisch geprägtes Wasser.

Für die Bestimmung des pH-Wertes und der Leitfähigkeit sei auf die entsprechenden Abschnitte in diesem Buch verwiesen (Abschnitt 2.2 bzw. Abschnitt 2.5). Die Ermittlung der restlichen Parameter wird im folgenden diskutiert.

Bestimmung des Säurebindungsvermögens

Geräte und Reagenzien

- 50-ml-Meßzylinder
- Bürette, möglichst 0,01 ml/Teilstrich
- Becherglas, Magnetrührer
- 0,01 und/oder 0,1 mol × L^{-1} HCl
- pH-Meter, pH-Meßkette
- Geländeersatz: Mischindikator (0,1 g Bromkresol grün + 0,02 g Methylrot in 100 ml Äthanol p. a.; Umschlag: blau – gelbbraun bzw. farblos)

Durchführung

Man benötigt dazu 50 ml Probe und die pH-Meßkette.

Die Titration erfolgt unter langsamem, gleichmäßigen Rühren bis pH = 4,3. Die Konzentration der HCl ist der Probe anzupassen, d. h. entsprechend der Konzentration an HCO_3^-, bzw. CO_3^{2-}, zu verdünnen. Die geeignete HCl-Konzentration muß gegebenenfalls durch mehrere Titrationen gefunden werden. Zur Vermeidung allzugroßer Titrationsfehler sollte das benötigte Volumen des Titrationsmittels > 1 ml sein.

Berechnung

$$\text{Alk} = \frac{V_{HCl} \times c(HCL)}{V_{Probe}} \; [\text{mol} \times L^{-1}]$$

Bestimmung der Basenkapazität

Geräte und Reagenzien

- 50-ml-Meßzylinder
- Bürette, 0,01 ml/Teilstrich
- Enghals-Erlenmeyer, Magnetrührer
- 0,001 und/oder 0,01 mol × L^{-1} NaOH

- pH-Meter, pH-Meßkette
- Geländeersatz: Phenolphthalein (1 % Äthanol) + 0,5 ml Seignettesalzlösung (30 %), Umschlag: farblos – rosa

Durchführung

a) Bestimmung des Titers der Natronlauge:
NaOH nimmt aus der Luft laufend geringe Mengen CO_2 auf, wodurch sie zunehmend neutralisiert wird ($H_2CO_3 + OH^- \rightarrow HCO_3^- + H_2O$). Der Titer (bei frischer NaOH = 1) wird mit der Zeit immer kleiner. Vor allem bei verdünnter NaOH muß die Bestimmung des Titers deswegen täglich durch Titration mit gleichkonzentrierter HCl festgestellt werden. Als Indikator dient Phenolrot (1%ig).

Berechnung des Titers

$$F_{NaOH} = \frac{V_{(\text{verbrauchtes HCl})}}{V_{(\text{vorgelegtes NaOH})}}$$

F_{NaOH}: Titer der Natronlauge

b) Titration der Probe:
Es werden 50 ml Probenwasser und die pH-Meßkette benötigt. Man titriert vorsichtig gegen eine NaOH-Lösung geeigneter Konzentration bis pH = 8,3.

Hinweis. Stark störend bei der Bestimmung der Basenkapazität ist der CO_2-Eintrag aus der Atmosphäre während der Titration. Bei sauren Wässern wirkt sich dagegen der Verlust an CO_2 durch Wasserturbulenz bei der Probennahme und während der Titration negativ aus. *Probennahme und Titration sollten daher möglichst ohne Durchwirbelung des Probenwassers durchgeführt werden!* Die Proben sind bis zur Titration gasdicht aufzubewahren. Die Titration sollte so schnell wie möglich nach der Probenahme, am besten noch am Probenahmeort, erfolgen.

Berechnung

$$\text{Azi} = \frac{V_{NaOH} \times c(NaOH) \times F_{NaOH}}{V_{Probe}} \text{ in mol} \times L^{-1}$$

Bestimmung der Gesamthärte durch komplexometrische Titration

Freie Metallionen (Ca^{2+}, Mg^{2+} u. a.) werden bei der Titration durch einen Komplexbildner gebunden. Der Endpunkt der Komplexbildung (= Äquivalenzpunkt) wird durch einen *Metallindikator* angezeigt. Titrationsmittel ist folglich der Komplexbildner.

Als Komplexbildner dient das Dinatriumsalz der Ethylendiamintetraessigsäure (EDTA, Handelsbezeichnungen: Titriplex III (MERCK), Idranal III (RIEDEL DE HÄEN)). Es ist eine starke Base und bei pH-Werten > 12 vollständig deprotoniert. EDTA-Metallkomplexe sind folglich um so stabiler, je höher der pH-Wert liegt.

Die Metallindikatoren sind Substanzen, die mit dem zu titrierenden Metall ebenfalls komplexe Bindungen eingehen. Jedoch sind die Metallindikatorkomplexe anders gefärbt als der metallfreie Indikatorfarbstoff. Sie sind außerdem weniger stabil als die Komplexe des Titrationsmittels. Bei der Titration spielen sich dann folgende Vorgänge ab: Nach Zusatz des Metallindikators zu der zu titrierenden Lösung wird ein äquivalenter Teil der vorliegenden Metallionen komplex gebunden. Die Probenlösung nimmt dadurch die Färbung des gebildeten Metallindikatorkomplexes an. Wenn nun (bei Einhaltung eines bestimmten pH-Wertes) mit Titriplex-Lösung titriert wird, so werden zunächst die freien Metallionen der Lösung als Titriplexkomplex gebunden. Am Schluß wird dann dem weniger stabilen Metallindikatorkomplex das Metall entzogen, das dann ebenfalls in die stabilen Titriplexkomplexe übergeht. Dabei wird der Indikator in Freiheit gesetzt, und die ursprüngliche Indikatorfarbe tritt wieder auf, wodurch der Titrationsendpunkt angezeigt wird.

Geräte und Reagenzien

- 100 ml Meßzylinder
- Bürette, 0,01 ml/Teilstrich
- Enghals-Erlenmeyer, Magnetrührer

- konzentrierter Ammoniak
- Indikator-Puffertabletten (MERCK) (sie enthalten Eriochrom-Schwarz T als Metallindikator und sind nach dem Prinzip eines Mischindikators aufgebaut)
- Titriplex-III-Lösung unterschiedlicher Konzentration je nach Wasserhärte, z. B. 0,1 mol × L^{-1} für härteres Wasser

Reaktion

$$Me^{2+} + EDTA^{4-} \rightarrow MeEDTA^{2-}$$

Diese Reaktion läuft am besten im alkalischen Milieu ab (man überlege sich, warum?).

Durchführung

Zur Titration benötigt man 100 ml Probenwasser und fügt eine Indikator-Puffertablette und 1 ml konzentrierten Ammoniak (nach Auflösung der Tablette!) hinzu. Dann titriert man mit Titriplex-III-Lösung bis zum Farbumschlag von rot nach grün (erfolgt etwas verzögert, dadurch leichte Übertitration).

Die Angabe der Werte erfolgt in mmol × L^{-1} oder °dH.

Berechnung

$$c(Me^{2+}) = \frac{V_{EDTA} \times c(EDTA)}{V_{Probe}}$$

In Mg-haltigen Wässern muß Ca^{2+} selektiv neben Mg^{2+} nach der Calconkarbonsäure-Methode bestimmt werden.

Bestimmung von Calcium mittels komplexometrischer Titration

Bei der Ermittlung der Gesamthärte wurde die Gesamtkonzentration an Erdalkali-Ionen bestimmt. Um ausschließlich Ca^{2+} zu erfassen, wird im Prinzip dieselbe Methode angewandt, jedoch mit dem calciumspezifischen Indikator Calconcarbonsäure.

Geräte und Reagenzien

- 100 ml Meßzylinder
- Bürette, 0,01 ml/Teilstrich
- Enghals-Erlenmeyer, Magnetrührer
- Calconkarbonsäure (MERCK) 0,4% in Methanol
- KOH-Lösung (2,5 g KOH-Plätzchen in 10 ml bidestilliertem Wasser)
- Triethanolamin p. a.
- 0,1 mol $\times$ L^{-1} Titriplex III bzw. 0,01 mol $\times$ L^{-1} Titriplex III

Die Berechnung des Calciumgehalts erfolgt analog der Berechnung der Gesamthärte.

Durchführung

Für die Bestimmung werden 100 ml Probe benötigt, zu der 0,5 ml KOH-Lösung zugegeben werden (der pH-Wert muß > 12 sein, damit EDTA zu 100 % deprotoniert vorliegt). Mn^{2+}- oder Fe^{2+}-Ionen, welche die Analyse stören, können durch Zusatz von 2 – 3 Tropfen Triethanolamin maskiert werden.

Anschließend gibt man 5 – 10 Tropfen Calconcarbonsäure zu der Lösung und titriert mit 0,1 mol $\times$ L^{-1} Titriplex-III-Lösung bis zu einem Farbumschlag von weinrot nach tiefblau.

Bestimmung der Ionenstärke aus Leitfähigkeitsmessungen

Maier und Grohmann (1977) schlagen eine empirische Beziehung vor, mit der aus der spezifischen Leitfähigkeit bei 20 °C (κ_{20}) die Ionenstärke I berechnet werden kann.

$$I = 1{,}83 \times \kappa_{20} \times 10^{-5}$$
(I in mol $\times$ L^{-1}, κ_{20} in $\mu S \times cm^{-1}$)

Der empirische Charakter dieser Gleichung wird bei einer Dimensionsanalyse deutlich. Die Gleichung ist im wesentlichen auf die Belange der Trinkwasserversorgung abgestellt, um einen direkten und schnellen Zugang zur Ionenstärke aus einer einfach zu messenden analytischen Größe zu haben. Probleme bei der allgemeingültigen Anwendung der Gleichung werden beim Vergleich der grundlegenden Definitionen von Ionenstärke (I) und spezifischen Leitfähigkeit (κ) deutlich:

$$I = 0{,}5 \times \Sigma(c_i \times z_i^2)$$

c_i: Konzentration der Ionenspezies i ($mol \times l^{-1}$)
z_i: Wertigkeit der Ionenspezies i

$$\kappa = \Sigma(\lambda_i \times c_i \times |z_i|)$$

λ_i: Äquivalentleitfähigkeit des Ions i (Siemens $cm^2 \times mol^{-1}$)

Die größten Leitfähigkeitsunterschiede bei gleicher Ionenstärke wären also zwischen Wässern mit vorwiegend einwertigen Ionen zu solchen mit zweiwertigen Ionen zu erwarten, weil in der Definition der Ionenstärke die Ladung im Quadrat eingeht. Empirisch hat man gefunden, daß die Näherungsgleichung für I bevorzugt für Wässer angewandt werden kann, die einen relativ hohen Anteil an zweiwertigen Ionen aufweisen. Auch eine relativ hohe Konzentration von HCO_3^--Ionen bewirkt keine große Abweichung. Somit kann die Näherungsgleichung für carbonatisch geprägtes Wasser mit den folgenden Bedingungen angewandt werden:

1. Gesamthärte $\approx 0{,}5 \times$ Alkalinität
2. $\kappa_{20} > 100\ \mu S \times cm^{-1}$ und $< 900 \mu S \times cm^{-1}$
3. $c(Cl^-) <$ Alkalinität

Sind die Bedingungen nicht erfüllt, handelt es sich nicht um ein karbonatisch geprägtes Gewässer. Welches Ion könnte zusätzlich in hoher Konzentration in Ihrer Probe vorkommen und in welcher Konzentration? Welche Ionenstärke würden Sie auf Grund dieser Überlegung größenordnungsmäßig der Probe zuweisen?

Praktischer Hinweis. Viele Leitfähigkeitsmeßgeräte bestimmen nicht κ_{20}, sondern κ_{25}. Da die spezifische Leitfähigkeit stark temperaturabhängig ist, muß eine Umrechnung erfolgen (vergleiche Angaben bei Abschnitt 2.5):

$$\kappa_{20} = \frac{1}{1{,}116} \times \kappa_{25} \qquad (4.14)$$

Für die Berechnung des individuellen Aktivitätskoeffizienten kann die Davies-Näherung verwendet werden (vergleiche Abschnitt 3.1.5):

$$-\lg\gamma = A \times z^2 \times \frac{\sqrt{I}}{1+\sqrt{I}} - 0{,}3 \times I \qquad (4.15)$$

A: empirischer Faktor, kann für Raumtemperatur 0,5 gesetzt werden
z: Ladung des betrachteten Ions
I: Ionenstärke der Lösung [mol $\times$ L^{-1}]

Aufgaben

1. Geben Sie den Titrationsfehler bei der Bestimmung des Säurebindungsvermögens an, und diskutieren Sie die Genauigkeit des Ergebnisses angesichts der Ablesegenauigkeit der Bürette, die Sie verwendet haben (siehe auch Anhang III, Abschnitt 4.1.4).
2. Berechnen Sie den Langelier-Index und charakterisieren Sie das Wasser bezüglich seines Verhaltens gegen Calciumcarbonat (siehe auch Anhang II, Abschnitt 4.1.4).
   Beachten Sie, daß die gemessenen Konzentrationen in Aktivitäten umzurechnen sind (siehe Davies-Näherung, Gleichung 4.15, Abschnitt 4.1.2).
3. Berechnen Sie gegebenenfalls die Konzentration der kalkaggressiven Kohlensäure.
4. Steht $H_2CO_3^*$ im Wasser im Gleichgewicht mit der Atmosphäre (P_{CO_2} = 0,036 Vol.%)?
5. In welche Richtung würde sich der Äquivalenzpunkt der Titration zur Bestimmung des Säurebindungsvermögens auf der pH-Achse bewegen, wenn die Titration unter intensivem Rühren durchgeführt würde?
   Welchem pH-Wert würde der Äquivalenzpunkt entsprechen, wenn sämtlich entstandenes $H_2CO_3^*$ nach jedem zugegebenen Volumeninkrement ausgetrieben würde (z. B. durch N_2)?
6. Berechnen Sie die Mg-Konzentration und geben Sie den Gesamthärtegrad an.
7. Geben Sie eine Formel zur Berechnung der Azidität einer K_2HPO_4-Lösung mit Hilfe der Gleichung 4.12 an.
   Welche Referenzspezies würden Sie wählen?

4.1.3 Literatur

Bücher

Deutsche Einheitsverfahren zur Wasseruntersuchung (DEV). D 8, G 1, H 7, Weinheim (VCH).

Hölting, B. *Hydrogeologie. Einführung in die Allgemeine und Angewandte Hydrogeologie.* 4. Aufl. Stuttgart (Ferdinand Enke) 1992.

Klut-Olszewski *Untersuchungen des Wassers an Ort und Stelle, seine Beurteilung und Aufbereitung.* Berlin (Springer) 1945.

Mattheß, G. *Die Beschaffenheit des Grundwassers.* In: *Lehrbuch der Hydrogeologie.* II. Berlin (Gebrüder Borntraeger) 1973.

Sontheimer, H.; Spindler, P.; Rohmann, U. *Wasserchemie für Ingenieure.* Karlsruhe (DVGW Forschungsstelle am Engler-Bunte-Institut der Universität Karlsruhe) 1980.

Stumm, W.; Morgan, J. J. *Aquatic Chemistry.* New York (Wiley) 1996.

Zeitschriften

Grohmann, A. *Indikatoren des Kalk-Kohlensäure-Gleichgewichts.* In: *Gesundheitsingenieur* 90, 1969, S. 261–292.

Grohmann, A. *Die Kohlensäure in den Deutschen Einheitsverfahren. II. Die Kalkaggressivität von Wasser.* In: *Vom Wasser* 38 1971, S. 97–118.

Maier, D.; Grohmann, A. *Bestimmung der Ionenstärke natürlicher Wässer aus deren elektrischer Leitfähigkeit.* In: *Z. Wasser- u. Abwasserforschung* 10 (1), 1977, S. 9–12.

4.1.4 Anhang

Anhang I: Herleitung der Gleichgewichtskohlensäure $pH_2CO^*_{3\,gg}$ *(Gleichung 4.5)*

$$K_{a1} = \frac{a(H_3O^+) \times a(HCO_3^-)}{a(H_2CO_3^*)} \tag{4.2}$$

$$K_{a2} = \frac{a(H_3O^+) \times a(CO_3^{2-})}{a(HCO_3^-)} \tag{4.3}$$

$$K_{sp} = a(CO_3^{2-}) \times a(Ca^{2+}) \tag{4.4}$$

4.2 aufgelöst nach $a(H_3O^+)$:

$a(H_3O^+) = K_{a1} \times a(H_2CO_3^*)/a(HCO_3^-)$

4.3 aufgelöst nach $a(H_3O^+)$:

$a(H_3O^+) = K_{a2} \times a(HCO_3^-)/a(CO_3^{2-})$

4.3 in 4.2

$$K_{a2} \times a(HCO_3^-)/a(CO_3^{2-}) = K_{a1} \times a(H_2CO_3^*)/a(HCO_3^-) \tag{4.16}$$

4.16 nach $a(CO_3^{2-})$ aufgelöst:

$$a(CO_3^{2-}) = (K_{a2} \times a(HCO_3^-)^2)/(K_{a1} \times a(H_2CO_3^*)) \tag{4.17}$$

4.17 eingesetzt in 4.4:

$$K_{sp} = a(Ca^{2+}) \times (K_{a2} \times a(HCO_3^-)^2)/(K_{a1} \times a(H_2CO_3^*)) \tag{4.18}$$

und nach $a(H_2CO_3^*)$ aufgelöst liefert die Gleichung 4.5:

$$a(H_2CO_3^*)gg = \frac{a(Ca^{2+}) \times a(HCO_3^-)^2 \times K_{a2}}{K_{a1} \times K_{sp}} \tag{4.5}$$

wobei gilt: $a(H_2CO_3^*)_{gg} = c(H_2CO_3^*)_{gg}$

Anhang II: Herleitung des Gleichgewichts-pH-Werts pHgg (Gleichung 4.6)

Gleichung 4.4 aufgelöst nach $a(CO_3^{2-})$:

$$a(CO_3^{2-}) = \frac{K_{sp}}{a(Ca^{2+})}$$

eingesetzt in 4.3, das nach $a(H_3O^+)$ aufgelöst ist:

$$a(H_3O^+) = K_{a2} \times a(HCO_3^-) \times a(Ca^{2+})/K_{sp}$$

In p-Notierung:

$$pH_{gg} = pK_{a2} + pHCO_3^- + pCa^{2+} - pK_{sp} \quad (4.6)$$

Anhang III: Berechnung des Titrationsfehlers bei der Bestimmung der Säurekapazität

Der Äquivalenzpunkt ist gegeben durch

$$10^{-pH} = 10^{-pHCO_3^-}$$

Dieser Punkt liegt folglich nicht stets bei pH = 4,3, sondern ist abhängig von $c(HCO_3^-)$ bzw. der Konzentration an Gesamtkohlensäure $c(CO_2)_{tot}$. Näherungsweise kann der Äquivalenzpunkt-pH-Wert berechnet werden ($pH_{äp} \sim -\lg\, (c(H_3O^+)_{äp})$):

$$c(H_3O^+)_{äp} = c(HCO_3^-) = c(CO_2)_{tot} \times \alpha_1 =$$

$$= c(CO_2)_{tot} \times \left(\frac{c(H_3O^+)}{K_{a1}} + 1 + \frac{K_{a2}}{C(H_3O^+)} \right)$$

Für pH < 5,5 gilt annähernd

$$c(H_3O^+)_{äp} \sim \left(\frac{c(H_3O^+)}{K_{a1}} \right)^{-1} \times c(CO_2)_{tot} =$$

$$\left(\frac{K_{a1}}{c(H_3O^+)} \right) \times c(CO_2)_{tot}$$

$$\rightarrow c(H_3O^+)_{äp} \sim (K_{a1} \times c(CO_2)_{tot})^{1/2}$$

Die überschüssige Zugabe kann dann näherungsweise berechnet werden als Differenz:

$$|10^{-4,3} - c(H_3O^+)_{äp}| = c(H_3O^+)_{Fehler}$$

Umrechnung in Volumen:

$$\frac{c(H_3O^+)_{Fehler}}{C_{HCl}} \times V_{Probe} = V_{Fehler}\ [ml]$$

und als relativer Titrationsfehler:

$$F = \frac{V_{Fehler}}{V_{tit}}$$

V_{tit}: zugegebenes Volumen an HCl [ml]

4.2 Vergleich der Parameter des Sauerstoffhaushalts im Ein- und Auslauf einer Kläranlage

4.2.1 Bedeutung des Sauerstoffs im Gewässer und wichtige Kenngrößen

Der Sauerstoff spielt in Gewässern für das gesamte biologische Leben eine entscheidende Rolle.

Oberflächengewässer, insbesondere wenn sie sich in Bewegung befinden, lösen Sauerstoff oft bis zur Sättigung. Auch im Wasser selbst bildet sich bei der Photosynthese der Algen und grünen Pflanzen ständig Sauerstoff. Das gelöste O_2 wird jedoch durch biologische Oxidation (Atmung) und chemische Oxidationsvorgänge ständig abgebaut, so daß der Sauerstoffgehalt je nach Intensität dieser Oxidationsvorgänge in verschiedenen Gewässern und auch zu verschiedenen Zeiten stark schwanken kann.

Sauerstoff wird verbraucht durch:
- Atmung des Zooplanktons und anderer tierischer Organismen;
- mikrobielle Zersetzung organischer Substanz;
- Licht- und vor allem Dunkelatmung der photoautotrophen Pflanzen (→ Tag-/Nachtschwankungen des O_2-Gehalts);

- chemische Oxidationsvorgänge: vor allem Fe^{2+}, Mn^{2+} und H_2S werden leicht durch molekularen Sauerstoff zu Metall(hydr-)oxiden, Schwefel oder Sulfat oxidiert.

Vor allem in mit Abwässern stark belasteten (dadurch eutrophierten) Oberflächengewässern können dissimilatorische Abbauvorgänge (O_2-Verbrauch) die assimilatorische Freisetzung von Sauerstoff in der Summe überwiegen. Es treten mehr oder weniger große Sauerstoffdefizite auf. Als Sauerstoffdefizit wird der O_2-Fehlbetrag zwischen dem tatsächlich ermittelten Sauerstoffgehalt und dem theoretischen O_2-Sättigungswert bei der Wassertemperatur zur Zeit der Probennahme bezeichnet. Die jeweiligen Sauerstoffsättigungswerte können mit Hilfe der Gleichung 4.25 (Abschnitt 4.2.2) als Funktion von Druck und Temperatur berechnet werden. Die Sauerstoffzehrung (siehe Definition weiter unten) gibt einen Anhaltspunkt für die organische Belastung eines Gewässers.

Oxobionten

Als Oxobionten bezeichnet man Lebewesen, die O_2 als Endelektronenakzeptor benötigen, d. h. Sauerstoff zu H_2O veratmen.

Anoxobionten

Diese sind Organismen, die nicht O_2, sondern andere anorganische Verbindungen als Endelektronenakzeptor benützen. So gibt es Mikroorganismen, die aus der Reduktion von Nitrat über Nitrit und N_2O zu molekularem Stickstoff ihre Stoffwechselenergie gewinnen („Nitratatmung"), andere reduzieren Sulfat, CO_2 oder Eisenoxid. Gelöster Sauerstoff hat auf sie häufig toxische Wirkung. Fakultative aerobe oder anaerobe Bakterien vermögen wahlweise mit oder ohne Sauerstoff auszukommen.

Sauerstoffverhältnisse in einem Gewässer

- oxische Bedingungen herrschen bei einem **D. O.**-Gehalt = 1 mg × L^{-1} (D. O.: *Dissolved Oxygen*);
- suboxische Bedingungen: 0 mg L^{-1} $<$ D. O.-Gehalt $<$ 1 mg × L^{-1}

– anoxische Bedingungen: D. O.-Gehalt = 0 mg × L^{-1}.

Für das Leben von Fischen in Oberflächengewässern ist ein Mindestgehalt von 5 mg × L^{-1} O_2 erforderlich. Fischsterben sind oft auf zu geringe Sauerstoffmengen zurückzuführen.

BSB (biologischer Sauerstoffbedarf) = BOD (Biological Oxygen Demand)

Der **BSB** ist diejenige Sauerstoffmenge (in mg × L^{-1}), die während eines bestimmten Zeitraumes (meist 5 Tage) durch die Stoffwechselaktivität von Mikroorganismen in einem abgeschlossenen Gefäß verbraucht wird. Von der gleichzeitig auftretenden rein chemischen Sauerstoffzehrung kann hierbei jedoch nicht unterschieden werden. Bei Abwesenheit leicht oxidierbarer Substanzen wie Fe^{2+}, Mn^{2+}, H_2S u. a. ist sie vernachlässigbar. Das Untersuchungsgefäß enthält in der Regel eine mit Mikroorganismen angeimpfte Wasserprobe. Das bedeutet, daß zunächst Wachstum der Mikroorganismen stattfindet. Die **Sauerstoffzehrung** ist daher zu Beginn des Experiments intensiv und hat nach ca. 5 Tagen einen konstanten Wert erreicht, so daß nach dieser Zeit der Sauerstoffgehalt gemessen und mit dem Anfangsgehalt verglichen wird. Aus der Differenz läßt sich der BSB_5 berechnen. Aus praktischen Gründen (Wochenende!) scheint auch die Verwendung des BSB_6 oder BSB_7 tolerabel zu sein, da sich die O_2-Zehrung nach 5 Tagen nicht mehr wesentlich ändert.

Bei der Untersuchung des BSBs eines Gewässers spielen folgende Faktoren eine Rolle:

1. Gewässerspezifische Bedingungen:
   - Konzentration und Zusammensetzung der Mikroflora und Mikrofauna;
   - Konzentration mineralischer und organischer Nährstoffe;
   - Anwesenheit toxischer Substanzen.
2. Vor der BSB-Bestimmung festzulegende Bedingungen:
   - das Sauerstoffangebot sollte während der Untersuchung konstant gehalten werden;
   - die Inkubationszeit (Versuchsdauer) sollte auf 5 (= BSB_5) Tage festgesetzt werden;
   - die Temperatur der Probe wird auf einen konstanten Wert (meist 20 oder 30 °C) gebracht;

- die Photosynthese, d. h. die Sauerstoffproduktion durch Algenwachstum wird in der Probe durch Verwendung dunkler Flaschen unterdrückt.

Störfaktoren bei der BSB-Bestimmung

- Flascheneffekt: in dem Gefäß zur Bestimmung des BSB kann sich auch andersgeartetes Mikrobenwachstum als *in situ* einstellen;
- Wachstumsschock der Mikroorganismen beim Abfüllen des Probenwassers.

Zwei Proben können gleiche BSB-Werte aufweisen, wenn eine Probe eine geringe Menge leicht abbaubarer organischer Substanz und die andere größere Mengen schwerer abbaubarer Substanzen enthält. Um also eine Aussage über die Zehrungsintensität und damit die Güte eines Wassers machen zu können, muß der gefundene BSB-Wert auf die Menge an gesamtoxidierbarer Substanz bezogen werden (siehe CSB).

Die Meßgröße BSB_5 erlaubt jedoch keine Rückschlüsse über die Natur der sauerstoffzehrenden Wasserinhaltsstoffe. Aus diesem Grunde wird vorgeschlagen, durch Anwendung entsprechender Bestimmungsmethoden folgende Anteile am BSB zu unterscheiden:

C-BSB. Damit bezeichnet man organische Kohlenstoffverbindungen, die in einen allochthonen und einen autochthonen Anteil unterschieden werden können. Bei dem autochthonen Anteil handelt es sich um organische Kohlenstoffverbindungen des Algenstoffwechsels, der in eutrophen Gewässern sehr hoch sein kann.

$$6\,O_2 + C_6H_{12}O_6 \rightarrow 6\,CO_2 + 6\,H_2O$$

N-BSB: Dieses ist der Anteil am BSB, der auf die autotrophe Nitrifikation zurückzuführen ist.

$$NH_4^+ + 2\,O_2 + H_2O \rightarrow NO_3^- + 2\,H_3O^+$$

Die Nitrifikation wird im allgemeinen durch Zugabe eines Nitrifikationshemmers, N-Allylthioharnstoff, unterdrückt.

CSB (chemischer Sauerstoffbedarf) = COD (Chemical Oxygen Demand)

Unter **CSB** wird – analog dem BSB – diejenige Sauerstoffmenge (in $mg \times L^{-1}$) verstanden, die dem jeweiligen Verbrauch einer eingestellten Kaliumdichromatlösung in stark saurem Milieu (Dichromatmethode) entsprechen würde. Nicht quantitativ erfaßt werden hierbei N_2, NH_4^+ und manche N-haltigen Aromate.

Relative Sauerstoffzehrungsintensität

Zur Bestimmung der relativen O_2-Zehrungsintensität (allgemeine Kenngröße der Abbauleistung) werden BSB_5 und CSB miteinander verglichen:

$$\frac{BSB_5}{CSB} \times 100\,\% = \%\text{ vom CSB in 5 Tagen}$$

Dieser Wert kennzeichnet folglich das Verhältnis zwischen Sauerstoffzehrungsrate (bezogen auf 5 Tage) und insgesamt vorhandenem oxidierbarem Material. Die implizite Linearisierung ist meistens zulässig, obwohl entlang der gesamten Zehrungskurve unterschiedlich rasche Oxidationsvorgänge auftreten können. Zur Kontrolle sollte der Sauerstoffkonzentrationsabfall registriert werden (amperometrische Meßtechnik). Man sieht dann, daß nach 2 Tagen gewöhnlich noch keine wachstumsinhibierenden Effekte („*batch*-Effekte“) auftreten. Sehr wichtig ist allerdings, daß die Anfangssauerstoffkonzentration stets gleich ist und daß die Bestimmungsgefäße (z. B. Winklerflaschen) peinlichst sauber sind, so daß keine O_2-Zehrungsverzögerung als Folge verunreinigter Gefäße auftreten kann.

Reinigungsleistung verschiedener Kläranlagen für Kommunalabwasser

In Tabelle 4.3 sind der BSB und CSB jeweils des Zulaufs und Ablaufs verschiedener Kläranlagen sowie die relative Sauerstoffzehrungsintensität dargestellt.

Tabelle 4.3: Reinigungsleistung verschiedener Kläranlagen für Kommunalabwaser (verändert nach Scherb, 1977)

	spezifische Belastung[1]	Zulauf			Ablauf			Elimination	
	kg BSB_5 kg Trocken-substanz^{-1} × Tag^{-1}	CSB	BSB_5	BSB_5 CSB	CSB	BSB_5	BSB_5/ CSB	CSB	BSB_5
		mg × L^{-1}			mg × L^{-1}			%	
a)	0,20[2]	312	312	0,4	181	17	0,09	77	95
b)	0,27	225	177	0,79	44	12	0,27	80	93
c)	0,29	191	151	0,79	31	15	0,48	84	90
d)	0,39	377	229	0,61	66	12	0,16	82	94
e)	0,40	578	262	0,45	89	14	0,16	84	94
f)	0,42	337	147	0,43	59	9	0,15	82	94
g)	0,51[2]	1 790	1 010	0,56	95	17	0,18	95	95
h)	0,65	262	216	0,8	63	13	0,21	76	94
i)	0,68	420	169	0,4	64	9	0,14	85	95
j)	0,70[2]	874	277	0,32	414	20	0,05	53	93
k)	1,20	826	415	0,50	99	12	0,12	88	97
l)	1,12	338	214	0,63	98	27	0,28	71	87

[1] Die spezifische Belastung ergibt sich nach Division der BSB_5-Fracht (kg × $^{-1}$) durch den Trockensubstanzgehalt (kg × m^{-3}).

[2] Kläranlagen mit starker Dominanz von Industrieabwasser

Gewässergüte und Sauerstoffhaushalt

Bei der Beurteilung der Gewässergüte spielen die Parameter Sauerstoffgehalt, Sauerstoffsättigung, BSB und CSB eine wichtige Rolle. Ihre Kenntnis erlaubt im allgemeinen einen direkten Rückschluß auf die Belastung eines Gewässers mit sauerstoffzehrenden Substanzen, auf die Selbstreinigungsintensität oder auch auf den **Trophiegrad** eines Gewässers.

Tabelle 4.4 zeigt, wie die Meßgrößen O_2-Gehalt, O_2-Sättigung und BSB mit den üblichen Gewässergüteklassifizierungen in Zusammenhang gebracht werden können.

Tabelle 4.4: Zusammenhang zwischen Gewässergüteklassen und verschiedenen Sauerstoffhaushaltsparametern (verändert nach Reimann, 1986)

Güteklasse		O_2–Gehalt mg × L^{-1} bei 20 °C und 760 Torr	O_2–Sättigungsgrad in % Übersättigung	Untersättigung	BSB_5 mg × L^{-1} bei 20 °C
I	(1,0)	8,45 – 8,84	95 – 100	100 – 103	0,0 – 0,5
I – II	(1,5)	7,5 – 8,45	85 – 95	103 – 110	0,5 – 2,0
II	(2,0)	6,2 – 7,5	70 – 85	110 – 125	2,0 – 4,0
II – III	(2,5)	4,4 – 6,2	50 – 70	125 – 150	4,0 – 7,0
III	(3,0)	2,2 – 4,4	25 – 50	150 – 200	7,0 – 13,0
III – IV	(3,5)	0,9 – 2,2	10 – 25	>200	13,0 – 22,0
IV	(4,0)	0 – 0,9 (evtl. H_2S)	< 10	> 22,0	

Die bisherige Gewässergütebewertung ist in den letzten Jahren zunehmend kritisiert worden, da die Berücksichtigung von Indikatoren, die etwas über den Stoffhaushalt eines Gewässers aussagen, alleine nichts über die Belastung mit Schadstoffen (organische und anorganische Umweltchemikalien) aussagen. Die Formulierung von Gewässerschutzzielen (z. B. das Erreichen eines Gütezustands der Klasse II) erlebt vor diesem Hintergrund eine gänzlich neue Dimension, bei der noch viel Denkarbeit erforderlich ist.

4.2.2 Berechnung der Löslichkeit von Sauerstoff

Die Löslichkeit von Sauerstoff hängt zum einen nicht-linear von der Temperatur ab, zum andern variiert sie auch mit dem Luftdruck. Aus diesem Grunde findet man häufig die Sauerstofflöslichkeit tabelliert oder in Form von Nomogrammen als Funktion dieser beiden Variablen (z. B. DEV, G 22; Wetzel, 1983; Frevert, 1983). Die Berechnung dieser Tabellen basiert auf der Korrektur der Sauerstoffsättigungskonzentration bei einem Gesamtdruck einer wasserdampfgesättigten Atmosphäre von 1013 mbar und der aktuellen Temperatur auf den aktuellen Luftdruck.

$$c(O_2)_{S,akt} = \frac{P_{Luft} - P_{H_2O,T}}{1013 - P_{H_2O,T}} \times c(O_2)_{S,T,1013} \qquad (4.19)$$

$c(O_2)_{S,akt}$: Sättigungskonzentration von Sauerstoff bei aktuellem Luftdruck [mg × L^{-1}]
$c(O_2)_{S,T,1013}$: Sättigungskonzentration von Sauerstoff bei 1013 mbar und Wasserdampfsättigung sowie der aktuellen Temperatur [mg × L^{-1}]
P_{Luft}: aktueller Luftdruck [mbar]
$P_{H_2O,T}$: Dampfdruck des Wassers bei der aktuellen Temperatur [mbar]

Die Sättigungskonzentration von Sauerstoff bei 1013 mbar kann theoretisch über das **Henry-Gesetz** berechnet werden (vergleiche auch Abschnitt 2.2, Versuch 3) durch Multiplikation der Henry-Konstanten K_{H,O_2} mit dem Partialdruck von Sauerstoff in einer wasserdampfgesättigten Atmosphäre bei 1 013 mbar.

$$c(O_2)_{S,T,1\,013} = K_{H,O_2} \times P_{O_2,T} \tag{4.20}$$

$P_{O_2,T}$ berechnet sich nach Korrektur mit dem Dampfdruck bei der aktuellen Temperatur:

$$P_{O_2,T} = P_{O_2,tr.Luft} \times \frac{1\,013 - P_{H_2O,T}}{1\,013} \tag{4.21}$$

$P_{O_2,T}$: > Partialdruck von Sauerstoff bei wasserdampfgesättigter Luft von 1 013 mbar Druck und der aktuellen Temperatur

$P_{O_2,tr.\,Luft}$: Partialdruck von Sauerstoff bei trockener Luft (0,2095 atm)

Der Henry-Koeffizient ist ebenfalls temperaturabhängig und kann über den dimensionslosen Phasenverteilungskoeffizienten H

$$H = \frac{c(gas)_{H_2O}}{c(gas)_{Luft}}$$

berechnet werden (Stumm und Morgan, 1996):

$$K_H = \frac{H}{R \times T} \tag{4.22}$$

H: 0,0308 für Sauerstoff

R: Gaskonstante: 0,082057 $L \times atm \times K^{-1}\ mol^{-1}$

T: absolute Temperatur [K]

Die Kombination der Gleichungen 4.20, 4.21 und 4.22 ergibt:

$$c(O_2)_{S,T,1\,013} = \frac{H_{O_2}}{R \times T} \times P_{O_{2,tr.Luft}} \times \frac{1\,013 - P_{H_2O,T}}{1\,013} \tag{4.23}$$

Diese Beziehung läßt sich aus den gemessenen und tabellierten Sauerstoffkonzentrationen durch eine einfache empirische Funktion beschreiben (0 °C < T < 40 °C):

$$c(O_2)_{S,T,1\,013} = \frac{466{,}4}{T - 241{,}6}\ mg \times L^{-1} \tag{4.24}$$

T: Temperatur in K

In Gleichung 4.19 kann ohne allzu großen Fehler der Dampfdruck vernachlässigt werden, so daß sich durch Kombination von Gleichung 4.19 und 4.24 die aktuelle Sättigungskonzentration des Sauerstoffs ergibt.

$$c(O_2)_{akt} = \frac{P_{Luft}}{T - 1\,013} \times \frac{466{,}4}{T - 241{,}6} \tag{4.25}$$

4.2.3 Literatur

Bücher

Anonymus. *BSB-Fibel: Grundlagen des BSB, Bestimmungsverfahren und ihre Leistungsfähigkeit, Verfahrenskenngrößen.* Weilheim (WTW Selbstverlag) 1991.

Deutsche Einheitsverfahren zur Wasser-, Abwasser- und Schlammuntersuchung (DEV), G 22, Weinheim (VCH).

Kirchesch, V.; Müller, D. *Messung und Auswertung des biochemischen Sauerstoffbedarfs (BSB) und verwandter Parameter bei der Gewässerüberwachung.* In: *Spezielle Fragen zur Wassergüte in Oberflächengewässern. DVWK-Schriften* 68 (Paul Parey) 1984.

Reimann, K. *Sauerstoff und BSB als Bewertungsgrößen bei verschiedenen Gewässernutzungen.* In: *Bewertung der Gewässerqualität und Gewässergüteanforderungen. Münchener Beiträge zur Abwasser-, Fischerei- und Flußbiologie.* Bd 40. München (R. Oldenbourg) 1986.

Scherb, K. *Die Leistung der Abwasserreinigung, gemessen am CSB.* In: *Abwasseruntersuchung, Abwasserbewertung und Abwasserabgabengesetz. Münchener Beiträge zur Abwasser-, Fischerei- und Flußbiologie,* 27. München (R. Oldenbourg) 1977.

Wetzel R. G. *Limnology.* Fort Worth (Saunders College Publishing) 1983.

Zeitschriften:

Mortimer C. H. *The Oxygen Content of Air-Saturated Fresh Waters Over Ranges of Temperature and Atmospheric Pressure of Limnological Interest.* In: *Mitt. Int. Ver. Limnol.* 22, 1981.

Strickland, J. D.; Parsons, T. R. *A Practical Handbook of Seawater Analysis.* Fish. Res. Bd. Canada Bull. 167, 1968.

4.2.4 Experimenteller Teil

Es sind folgende Messungen im Ein- und Auslauf einer Kläranlage durchzuführen (beim Umgang mit der Kläranlageneinlaufprobe sollte man Handschuhe benutzen!):

1. Bestimmung des Gehaltes an gelöstem Sauerstoff (D.O.) amperometrisch mit der O_2-Elektrode (vergleiche Abschnitt 2.4);
2. Bestimmung des biologischen Sauerstoffbedarfs;
3. Bestimmung des chemischen Sauerstoffbedarfs.

Bestimmung des Gehaltes an gelöstem Sauerstoff

Es ist der Gehalt an gelöstem Sauerstoff vom Zu- und Auslauf einer Kläranlage zu ermitteln (Durchführung siehe Abschnitt 2.4).

Bestimmung des biologischen Sauerstoffbedarfs innerhalb von 5 Tagen (nach DEV, DIN 38409, H 51)

Prinzip

Die Proben werden – entsprechend dem zu erwartenden BSB – mit einem besonders vorbereiteten Verdünnungswasser verdünnt und mit Sauerstoff gesättigt. Die Ansätze inkubiert man für eine Zeit von 5 Tagen bei 20 °C im Dunkeln. Im Laufe dieser Zeit veratmen die Mikroorganismen den im Ansatz gelösten Sauerstoff. Direkt vor und nach der Inkubation wird die Sauerstoffkonzentration in den Ansätzen amperometrisch gemessen. Aus der Differenz der beiden Werte kann man unter Berücksichtigung des Verdünnungsverhältnisses den BSB_5 berechnen. Auf die Zugabe des Nitrifikationshemmers wird hier verzichtet.

Insgesamt wird der BSB_5 von 8 Ansätzen bestimmt: je 3 Verdünnungen vom Kläranlageneinlauf und vom -auslauf sowie 2 Proben vom Verdünnungswasser (= „Blindwert“)

Geräte und Reagenzien

- 8 100-ml-Flaschen zur BSB-Bestimmung (braunes Glas, sogenannte „Karlsruher Flaschen“ mit einem Schliff, in den ein Trichter eingesetzt wird; darin kann Sauerstoff gemessen werden, ohne Probenwasser zu verschütten)
- Inkubationseinrichtung mit Temperaturregelung auf 20 °C (mehrere Rührplätze in einem Raum konstanter Temperatur)
- O_2-Elektrode
- 2 Magnetrührer
- Vorratsgefäß für Verdünnungswasser (5-L-Steilbrustflasche)
- 6 200-ml-Meßkolben
- Thermometer
- 200-ml-Meßzylinder
- Vollpipetten; 2, 10, 20, 50 ml
- Rührfische
- Luftpumpe
- Glasfritte mit Normschliff

Die genaue Zusammensetzung des Verdünnungswassers ist dem Anhang II (Abschnitt 4.2.5) zu entnehmen. Bei dem Verdünnungswasser handelt es sich um Trinkwasser (nicht um deionisiertes Wasser), das mit Nährstoffen angereichert wurde. Es wird vor der Verdünnung eine Stunde mit Luft begast (Luftpumpe und Glasfritte).

Festlegen der Verdünnungen

Zur Ausnutzung und sinnvollen Anwendung des Meßbereichs der Sauerstoffelektrode ist es notwendig, ein dem zu erwartenden BSB_5 entsprechendes Verdünnungsverhältnis zu wählen. Es empfiehlt sich, für die Kläranlageneinlaufprobe 2, 10 und 50 auf 200 ml und für die Kläranlagenauslaufprobe 20, 50 und 150 ml auf 200 ml mit Verdünnungswasser zu verdünnen.

Durchführung

Ansetzen der Proben

1. Die Proben sind auf 20 °C im Wasserbad zu temperieren.
2. Das Mischgefäß (200-ml-Kolben) spült man mit Verdünnungswasser und füllt etwa 25 ml Verdünnungswasser in den Kolben.
3. Die Proben werden beschriftet.
4. Das erforderliche Volumen an Probe wird zugegeben. Bei der Entnahme der Probe aus dem Vorratsgefäß muß gerührt werden, damit ungelöste Stoffe nicht am Boden liegenbleiben.
5. Mit Verdünnungswasser ist auf 200 ml aufzufüllen.
6. Die Lösung wird mittels einer Luftpumpe und einer Glasfritte zehn Minuten lang begast, um sie mit Sauerstoff anzureichern.
7. Die BSB-Flasche mit der Mischung ist gut zu spülen und mit einem Rührfisch zu versehen. Danach setzt man einen Trichter auf und füllt die Flasche (Luftblasen sind dabei durch Klopfen zu entfernen).
8. Mit einer O_2- Elektrode wird die Sauerstoffkonzentration in der BSB-Flasche gemessen und notiert, dabei muß man genauso schnell rühren wie unter 4.; anschließend ist der Trichter abzuziehen und die Flasche blasenfrei mit dem Glasstopfen (kein Hohlraum!) zu verschließen.
9. Die Flasche stellt man auf den Magnetrührer und schaltet ihn ein.
10. Nach 5 Tagen (gleiche Uhrzeit +/– 3 Stunden, eventuell auch nach 6 Tagen) ist die Sauerstoffelektrode erneut zu eichen. Die Flasche wird geöffnet und die Elektrode eingeführt. Um das Eindringen von Luftsauerstoff von außen möglichst gering zu halten, umwickelt man den Flaschenkopf mit Parafilm. Anschließend wird unter langsamem Rühren die O_2-Konzentration gemessen.

Ansetzen der Verdünnungswasserprobe (Blindwert)

Eine BSB-Flasche spült man mit Verdünnungswasser vor und füllt sie anschließend damit; ein Rührfisch wird dazugegeben, danach weiter verfahren wie bei den Proben unter Punkt 8).

Anmerkung

Präziser und gebräuchlicher als die amperometrische Sauerstoffmessung ist in diesem Falle die Methode nach Winkler (vergleiche Abschnitt 2.4.2), weil sie z. B. eine sofortige Fixierung des Sauerstoffs in der Flasche nach deren Öffnung erlaubt. Sie ist nach den Deutschen Einheitsverfahren zur Wasseruntersuchung (Band III, 1994) ebenso zulässig, funktioniert aber nicht in Anwesenheit eines Nitrifikationshemmers.

Berechnung

Die Berechnung des BSB_5 erfolgt nach der Mischungsregel, die besagt, daß das Verdünnungswasser und die Probe am Sauerstoffverbrauch der Mischung jeweils in dem ihrem Volumenanteil entsprechenden Maße beteiligt sind:

$$S_{vM} = f \times BSB_5 + (1-f) \times S_{vV}$$

S_{vM}: Sauerstoffverbrauch des Probenansatzes, d. h. Differenz aus Anfangs- und Endsauerstoffkonzentration beim Probenansatz in $mg \times L^{-1}$

S_{vV}: Sauerstoffverbrauch des Verdünnungswassers, d. h. Differenz aus Anfangs- und Endsauerstoffkonzentration beim „Blindwertansatz" in $mg \times L^{-1}$

f: Verhältnis zwischen Probenvolumen und Gesamtvolumen (= 200 ml)

CSB-Bestimmung (Dichromatmethode)

Achtung: Bei der CSB-Bestimmung wird mit Gefahrstoffen umgegangen (Chromschwefelsäure).

Prinzip

a) Es erfolgt eine Oxidation der organischen Substanz und anderer oxidierbarer Substanzen mit Kaliumdichromat (gelöst in Schwefelsäure, sogenannte Chromschwefelsäure) im Überschuß. Kaliumdichromat ($K_2Cr_2O_7$) reagiert in saurer Lösung mit Verbindungen niedriger Oxidationsstufen (z. B. organischen Substanzen = CH_2O):

$$4Cr_2O_7^{2-} + 32H_3O^+ + 6CH_2O \rightarrow 8Cr^{3+} + 54H_2O + 6CO_2$$
rotbraun grün

Dieser $K_2Cr_2O_7$-Verbrauch ist dem Verbrauch einer 1,5-fachen O_2-Menge redoxäquivalent, d. h. 1 mol $K_2Cr_2O_7$ nimmt bei seiner Reduktion 6 Elektronen, 1 mol O_2 nimmt 4 Elektronen auf:

I) $Cr_2O_7^{2-} + 14H_3O^+ + 6e^- \rightarrow 2Cr^{3+} + 21H_2O$
II) $O_2 + 4H_3O^+ + 4e^- \rightarrow 6H_2O$

Der CSB-Wert kann also auch bei Anwendung der Dichromatmethode als O_2-Gehalt in $mg \times L^{-1}$ oder ppm O_2 angegeben werden.

b) Ermittlung des Dichromatverbrauchs durch Titration des nicht verbrauchten Dichromats mit Ammoniumeisen(II)sulfat

$$Cr_2O_7^{2-} + 6Fe^{2+} + 14H_3O^+ \rightarrow 2Cr^{3+} + 6Fe^{3+} + 21H_2O$$

c) Bestimmung des Titers der Ammoniumeisen(II)sulfatlösung:
Um die genaue Konzentration der Ammoniumeisen(II)sulfatlösung (altert bei längerem Stehenlassen durch Luftsauerstoff) zu kennen, muß deren Titer mit Hilfe einer Kaliumdichromat-Urtiterlösung (Titrisollösung mit exakt bekannter Konzentration) festgestellt werden.

Geräte und Reagenzien

Eine Anleitung zur Herstellung der Reagenzien findet sich im Anhang I (Abschnitt 4.2.5). Die hier genannten Konzentrationen sind auf Abwasserproben abgestimmt und z. B. für Oberflächenwasser entsprechend verdünnter herzustellen. Man verwende jeweils 0,1 **normale** Chromschwefelsäure und Ammoniumeisen(II)sulfatlösung für den Kläranlageneinlauf sowie jeweils 0,01 normale Lösungen für den Kläranlagenauslauf.

Die Konzentrationsangaben beziehen sich auf Redoxäquivalente. So ist eine 0,1 normale Chromschwefelsäure 0,0167 molar bezüglich $K_2Cr_2O_7$ (vergleiche dazu Abschnitt 2.4).

Desweiteren werden benötigt:

- 0,1 N Kaliumdichromatlösung (darf als Urtiterlösung niemals verdünnt werden)

- Ferroinindikator
- H_2SO_4 konzentriert
- 1 Magnetrührer
- 6 200-ml-Erlenmeyerkolben
- 2 10-ml-Vollpipetten
- 1 30-ml-Vollpipette
- 1 20-ml-Vollpipette
- 2 25-ml-Büretten

Durchführung

1. Titerbestimmung der beiden Ammoniumeisen(II)sulfatlösungen: Man legt 20 ml Kaliumdichromatlösung (Urtiterlösung) für die 0,1 N Fe(II)-Lösung bzw. 2 ml für die 0,01 N Fe(II)-Lösung vor. Dann gibt man ungefähr 100 ml bidestilliertes Wasser, 20 ml H_2SO_4 (Konzentriert) und etwa 6–7 Tropfen Ferroin-Indikator-Lösung (Umschlag gelbgrün $\rightarrow$ rot) hinzu. Nach dem Abkühlen wird mit der entsprechenden Ammoniumeisen(II)sulfatlösung titriert. Der Titerfaktor $F_{Fe(II)}$ errechnet sich als

$$F_{Fe(II)} = \frac{a}{b}$$

a: vorgelegtes Volumen an Kaliumdichromatlösung [ml]
b: verbrauchtes Volumen an Ammoniumeisen(II)sulfatlösung [ml]; für die 0,01 normale Lösung ist b mit 10 zu multiplizieren.

2. Bestimmung des CSB einer Probe: Jeweils 2 Proben sowie 2 Blindproben (je 10 ml) sind in Erlenmeyerkolben zu geben. Dazu werden 30 ml Chromschwefelsäure (0,1 N für den Einlauf, 0,01 N für den Auslauf) gegeben, untergeschichtet und gut vermischt. Die Proben werden anschließend für 90 Minuten bei 175 °C im Trockenschrank aufgeschlossen, wobei man sie mit Uhrgläsern abdeckt. Danach läßt man die Proben abkühlen und gibt 50 ml bidestilliertes Wasser hinzu. Abschließend wird mit Ammoniumeisen(II)sulfatlösung und Ferroin-Indikator wie unter Punkt 1 titriert.

Anmerkung

Da die Blindwerte praktisch nur Cr^{6+} enthalten, sollten diese einen sehr hohen Verbrauch an Fe^{2+} anzeigen.

Berechnung

Im Gegensatz z. B. zur Jodometrie ist das Edukt der Redoxreaktion – ein Gemisch aus reduzierten Verbindungen – nicht bekannt. Es ist daher sinnvoll, alle Konzentrationen auf Redoxäquivalente zu beziehen.

Die Stoffmenge an Redoxäquivalenten aus diesen reduzierten Verbindungen, n(red), ist nach dem Aufschluß äquivalent der Stoffmenge an Redoxäquivalenten, die aus $Cr_2O_7^{2-}$ umgesetzt wurden und als Cr^{3+} vorliegen:

$$n(\text{red}) = n(Cr^{3+}) \tag{4.26}$$

$n(Cr^{3+})$ wird über die Titration des überschüssigen $Cr_2O_7^{2-}$ mit Ammoniumeisensulfat bestimmt:

$$n(Cr^{3+}) = n(Cr_2O_7^{2-})_O - n(Cr_2O_7^{2-})_R \tag{4.27}$$

$n(Cr_2O_7^{2-})_O$: Stoffmenge an Redoxäquivalenten aus $Cr_2O_7^{2-}$ in dem Ausgangsvolumen (0,003 bzw. 0,0003 mol)
$n(Cr_2O_7^{2-})_R$: Stoffmenge an Redoxäquivalenten aus $Cr_2O_7^{2-}$, die mit Ammoniumeisen(II)-sulfat rücktitriert wurde

$$n(Cr_2O_7^{2-})_R = c(\text{Fe(II)}) \times F \times V_{\text{Fe(II)}} \tag{4.28}$$

c(Fe(II)): Konzentration der Ammoniumeisen(II)sulfatlösung
F: Titerfaktor für die Ammoniumeisen(II)lösung
$V_{\text{Fe(II)}}$: Volumen an Ammoniumeisen(II)lösung, welches für die Titration des überschüssigen $Cr_2O_7^{2-}$ verbraucht wurde

Zur Berechnung der Redoxäquivalente reduzierter Verbindungen in der Wasserprobe muß vom aktuellen Meßwert derjenige des Blindwertes abgezogen werden:

$$n(\text{red}) = n(\text{red})_{\text{Probe}} - n(\text{red})_{\text{BW}},$$

so daß mit Hilfe von Gleichungen 4.26 und 4.27 folgt:

$$n(red) = n(Cr_2O_7^{2-})_{R,BW} - n(Cr_2O_7^{2-})_{R,Probe} \qquad (4.29)$$

$n(Cr_2O_7^{2-})_{R,BW}$; $n(Cr_2O_7^{2-})_{R,Probe}$:
die durch Rücktitration bestimmten Stoffmengen an Redoxäquivalenten aus $Cr_2O_7^{2-}$, die nach dem Aufschluß noch im Blindwert bzw. in der Probe verblieben sind.

Unter Anwendung von Gleichung 4.28 und unter Berücksichtigung des Probenvolumens V_{Probe} läßt sich mit Hilfe von Gleichung 4.29 die Konzentration an Redoxäquivalenten reduzierter Verbindungen in der Wasserprobe berechnen:

$$c(red) = \frac{c(Fe(II)) \times F \times (V_{Fe_{BW}} - V_{Fe_{Probe}})}{V_{Probe}} \qquad (4.30)$$

und in den CSB umrechnen (O_2 in $mg \times L^{-1}$):

$$CSB = c(red) \times 1/4 \times M\ (O_2) \qquad (4.31)$$

Anmerkungen zum CSB:

- CSB-Bestimmung in salzhaltigen Wässern: **Achtung**! In salzhaltigen Wässern wie z. B. Meerwasser können CSB-Bestimmungen nur nach Entfernung der Halogenide durchgeführt werden, da diese in schwefelsaurer Chromatlösung zu gasförmigen Halogenverbindungen reagieren. Eine Möglichkeit zur Entfernung von Halogenid besteht im Abkochen nach Zugabe von gleichen Volumina H_3PO_4 (konzentriert) zu den Wasserproben (vergleiche Strickland und Parsons, 1968).

- Der CSB kann auch auf Glucose-Gleichwerte oder andere organische Verbindungen bezogen werden. Dies sollte jedoch nicht nur rechnerisch erfolgen, sondern durch entsprechende Standardanalysen jeweils überprüft werden.

Aufgaben

1. Woher kommt der Faktor 1/4 bei der Berechnung des CSB aus dem Verbrauch an Cr(VI) (Gleichung 4.31)?
2. Warum wird in der Tabelle 4.4 auch die Übersättigung mit Sauerstoff als Maß für eine schlechte Gewässergüte angegeben?

3. Berechnen Sie die Sauerstoffsättigung des Kläranlagenauslaufs mit Hilfe von Gleichung 4.25.
4. Charakterisieren Sie die Gewässergüte des Auslaufs aufgrund der Meßergebnisse.
5. Vergleichen Sie die Reinigungsleistung der Kläranlage, aus denen die Proben stammen, mit den in Tabelle 4.3 angegebenen Werten.

4.2.5 Anhang

Anhang I: Herstellung von Reagenzien für die CSB-Bestimmung

1. Ammoniumeisen(II)sulfat $(NH_4)_2Fe(SO_4)_2 \cdot 6H_2O$:
   - 39,216 g in Aqua bidestilliert lösen;
   - 20 ml konzentrierte Schwefelsäure zugeben;
   - nach dem Abkühlen mit bidestilliertem Wasser auf 1 000 ml auffüllen → 0,1 N Stammlösung;
   - für eine 0,01 N Lösung: 100 ml Stammlösung auf 1 000 ml auffüllen;
   - für eine 0,005 N Lösung: 50 ml Stammlösung auf 1 000 ml auffüllen.
2. Chromschwefelsäure (Oxidationsreagenz):
   - Zu 0,49032 g Kaliumdichromat gibt man 5 g Silbersulfat (Zugabe bei Proben mit überwiegend kohlehydratartigen Inhaltsstoffen nicht nötig) und löst die Reagenzien in 1 000 ml H_2SO_4 (konzentriert). Dies ergibt eine 0,01 N Lösung.
     Wichtig: Die Verdünnung von Chromschwefelsäure erfolgt nicht mit H_2O, sondern mit konzentrierter H_2SO_4!
   - Zu 0,24516 g Kaliumdichromat gibt man 5 g Silbersulfat und löst die Reagenzien in 1 000 ml H_2SO_4 (konzentriert). Dies ergibt eine 0,005 N Lösung.
3. Ferroin-Indikator:
   - Zu 1,485 g 1,10-Phenanthrolin $(C_{12}H_3N_2 \cdot H_2O)$ gibt man 0,98 g Eisen(II)ammoniumsulfat $(NH_4)_2Fe(SO_4)_2 \cdot 6H_2O$, löst beides in bidestilliertem Wasser und füllt auf 100 ml auf.

Bemerkung: 1 N $K_2Cr_2O_7$ = 1/6 M $K_2Cr_2O_7$ = 49,036 g × L^{-1}
1 N KIO_3 = 1/6 M KIO_3 = 35,668 g × L^{-1}

Anhang II: Herstellung von Reagenzien für die BSB-Bestimmung

- Verdünnungswasser:
  Verwendet wird Trinkwasser, das weniger als 0,1 mg $\times$ L^{-1} Chlor enthält sowie eine Alkalinität von mindestens 2 mmol $\times$ L^{-1} und eine Calcium-Konzentration von mindestens 2,5 mmol $\times$ L^{-1}. Die nachfolgenden Einwaagen beziehen sich alle auf einen Liter:
- 42 mg $NaHCO_3$
- 250 mg $CaCl_2$
- 4 mg Harnstoff CH_4N_2O
- 2,77 mg Na-dihydrogenphosphat
- 5 ml Wasser aus Ablauf des Vorklärbeckens zum Animpfen

5. Glossar

5.1 Symbole

a:	Aktivität
c:	Konzentration
E:	Potential einer Elektrode
EMK:	(Elektromotorische Kraft) Potentialdifferenz
I:	Ionenstärke
K_a:	Säurekonstante
K_{sp}:	Löslichkeitsprodukt
γ:	Aktivitätskoeffizient

5.2 Begriffe

In Klammern ist der Abschnitt angegeben, in dem das jeweilige Stichwort diskutiert und erklärt wird. Zusätzlich wurden noch wichtige Begriffe aufgenommen, die nicht ausdrücklich im Text des Buches erwähnt sind. Fett markierte Worte im laufenden Text beziehen sich auf Begriffe, die explizit im Glossar erklärt werden.

Absorption (2.1) Damit bezeichnet man die Abschwächung der Lichtintensität beim Durchgang durch eine gefärbte Lösung.

Absorption A = lg(einfallendes Licht / austretendes Licht).

Aggressive Kohlensäure (4.1) Im Gleichgewicht mit festem $CaCO_3$ ergibt sich bei gegebener Ca^{2+}-Konzentration und gegebenem pH eine bestimmte Konzentration an gelöster Kohlensäure $H_2CO_3^*$

(= Gleichgewichtskohlensäure). Ist noch mehr freie $H_2CO_3^*$ vorhanden, kann diese als Säure aggressiv wirken.

$$c(H_2CO^*_{3\,aggr}) = c(H_2CO^*_{3\,gemessen}) - c(H_2CO^*_{3\,Gleichgewicht})$$

Aktivität a (2.1, 3.1) Die Aktivität a(X) ist die chemisch bzw. thermodynamisch wirksame Stoffmenge der Spezies X pro Volumen. Bei Messungen in realen Lösungen entspricht die Aktivität nicht der Konzentration (c). Die Korrektur erfolgt durch einen Aktivitätskoeffizienten γ:

$$a = \gamma \times c$$

Der Aktivitätskoeffizient γ nimmt mit zunehmender Ionenstärke ab.

$\gamma < 1$ für Elektrolyte in Lösung

Die Aktivität a kann potentiometrisch bestimmt werden.

Aktivitätskoeffizient γ (3.1) Der individuelle Aktivitätskoeffizient γ_i bezieht sich immer nur auf eine Spezies (z. B. Kation).

$$a_i = \gamma_i \times c_i$$

γ_i eines Ions kann nicht experimentell bestimmt werden, da die Aktivität des Ions nicht getrennt von der seines Gegenions gemessen werden kann. Deshalb führt man den mittleren Aktivitätskoeffizienten $\gamma_\pm$ einer Lösung ein. $\gamma_\pm$ ist mit potentiometrischen Meßketten ohne Überführung bestimmbar.

Tabelle 5.1: Näherungen zur Berechnung

Näherung	Voraussetzungen/Anwendung
a) Debye-Hückel $-\lg \gamma_\pm = A \times z^2_\pm \times \sqrt{I}$	ein-einwertige Elektrolyte, $I < 10^{-2}$ mol × L^{-1}
b) erweiterte Debye-Hückel $-\lg \gamma_\pm = A \times z^2_\pm \times \frac{\sqrt{I}}{1 + Ba\sqrt{I}}$	individuell! ein-einwertige Elektrolyte, $I < 0{,}2$ mol × L^{-1}
c) Güntelberg $-\lg \gamma_\pm = A \times z^2_\pm \times \frac{\sqrt{I}}{1 + \sqrt{I}}$	$I < 0{,}1$ mol × L^{-1}
d) Davies $-\lg \gamma_\pm = A \times z^2_\pm \times \frac{\sqrt{I}}{1 + \sqrt{I}} - 0{,}3I$	universell für $I \leq 0{,}5$ mol × L^{-1}

Alkalinität (4.1) Sie wird auch Säurekapazität oder Säurebindungsvermögen genannt.

Die Bestimmung durch Titration erfolgt mit HCl bis pH 4,3. Ab diesem pH können vom System $H_2CO_3^*/HCO_3^-/CO_3^{2-}$ praktisch keine weiteren H^+-Ionen mehr gebunden werden, da das Gleichgewicht auf Seite der $H_2CO_3^*$ liegt.

Der Punkt $c(HCO_3^-) = c(H_3O^+)$ (entspricht dem Gleichgewicht auf Seite der $H_2CO_3^*$) liegt allerdings nicht genau bei pH 4,3, da er von der Gesamtkonzentration $c_{tot} = c(H_2CO_3^*) + c(HCO_3^-) + c(CO_3^{2-})$ abhängig ist. Man macht also bei der Titration bis zum Umschlag des Indikators (= pH 4,3) einen Titrationsfehler. Wenn in der Wasserprobe der pH ausschließlich durch das System $H_2CO_3^*/HCO_3^-/CO_3^{2-}$ bestimmt ist, gilt:

$$\text{Alk} = c(HCO_3^-) + 2 \times c(CO_3^{2-}) + c(OH^-) - c(H_3O^+)$$

Für karbonatreichere natürliche Wässer gilt als gute Näherung bei $pH < 8{,}4$:

$$\text{Alk} = c(HCO_3^-)$$

Amperometrie (2.4) Als Amperometrie bezeichnet man die Messung des Stromflusses zwischen zwei Elektroden bei konstant angelegter Spannung (siehe auch 2.4.1 amperometrische O_2-Messung).

Aquokomplex (3.1) Komplexe sind chemische Gebilde, die aus einem Zentralion und aus Liganden, die das Zentralion umgeben, bestehen. Bei Aquokomplexen sind die Liganden Wassermoleküle. In wäßriger Lösung liegen Ionen als Aquokomplexe vor.

Aussalzeffekt (2.4) In einer Lösung beeinflußt die Anwesenheit gelöster Substanzen die Löslichkeit einer anderen Substanz. Allgemein wird die Löslichkeit von Gasen oder von anderen nichtionischen Substanzen in Wasser durch vorhandene Salze herabgesetzt. Man spricht vom Aussalzeffekt.

Für ein Gas bedeutet dies, daß bei zunehmender Ionenstärke die Aktivität gleichbleibt, die Konzentration an gelöstem Gas aber abnimmt.

Azidität (4.1) Sie wird auch als Basenkapazität bezeichnet.

Bestimmung: Die Titration erfolgt mit NaOH bis pH 8,3. Ab diesem pH können im Puffersystem $H_2CO_3^*/HCO_3^-$ praktisch keine OH^- mehr gebunden werden, da das Gleichgewicht dann auf Seite des HCO_3^- liegt.

Der Punkt $c(H_2CO_3^*) = c(CO_3^{2-})$ (entspricht dem Gleichgewicht auf Seite des HCO_3^-) liegt bei pH 8,3, da er unabhängig von der Gesamtkonzentration $C_{tot} = c(H_2CO_3^*) + c(HCO_3^-) + c(CO_3^{2-})$ ist (vergleiche Alkalinität).

Wenn in der Wasserprobe der pH ausschließlich durch das System $H_2CO_3^*/HCO_3^-/CO_3^{2-}$ bestimmt ist, gilt:

$$\text{Azi} = c(H_2CO_3^*) + c(H_3O^+) - c(OH^-) - c(CO_3^{2-})$$

Bei pH < 7,6 gilt als gute Näherung:

$$\text{Azi} = c(H_2CO_3^*)$$

Bestimmungsgrenze (2.6) Die Bestimmungsgrenze ist die Menge oder Konzentration des Stoffes, die quantitativ bestimmt werden kann,

- bei einmaliger Analyse und
- mit einem Fehlerrisiko ≤ 5%.

Blindwert (2.1, 2.6) Eine Blindprobe ist eine Analysenprobe, die mutmaßlich frei von der zu bestimmenden Komponente ist, jedoch wie eine normale Analysenprobe analysiert wird. Das Ergebnis dieser Analyse wird als Blindwert bezeichnet.

BSB (4.2) biologischer O_2-Bedarf (englisch *BOD: Biological Oxygen Demand*). Dies ist diejenige O_2-Menge [mg × L^{-1}], die während eines bestimmten Zeitraumes (meist 5 Tage) durch die Stoffwechselaktivität von Mikroorganismen in einem abgeschlossenen Gefäß verbraucht wird. Der chemische O_2-Bedarf wird mit erfaßt, ist aber bei Abwesenheit von leicht oxidierbaren Substanzen vernachlässigbar.

CSB (4.2) chemischer O_2-Bedarf (englisch *COD: Chemical Oxygen Demand*) Dies ist diejenige O_2-Menge [mg × L^{-1}], die dem Verbrauch einer Kaliumdichromatlösung in stark saurem Milieu entspricht. Nicht qualitativ erfaßt werden N_2, NH_4^+ und manche N-haltigen Aromaten. Die Bestimmung des CSB erfolgt nach der Dichromatmethode.

D. O.: Dissolved Oxygen (2.4, 4.2) gelöster Sauerstoff.

Davies-Näherung (3.1) → **Aktivitätskoeffizient**.

Debye-Hückel-Näherung (3.1) → **Aktivitätskoeffizient**.

Diffusionsspannung E_{Diff} (2.2) Werden zwei Lösungen mit unterschiedlicher Ionenstärke durch eine ionendurchlässige Membran getrennt, treten an der Kontaktfläche Potentialdifferenzen auf. Dieses sogenannte Diffusionspotential E_{Diff} entsteht aufgrund unterschiedlicher Wanderungsgeschwindigkeiten von Anion und Kation durch die Membran. Beide wollen in die verdünntere Lösung diffundieren, aber je nach Größe, Beweglichkeit, etc. kommen sie unterschiedlich schnell dort an. E_{Diff} addiert sich bei Meßketten mit Überführung zum Elektrodenpotential.

Elektrodenpotentiale (2.2) Kommt es zwischen einer Lösung und einem Feststoff zu einer chemischen Wechselwirkung, bildet sich immer eine Potentialdifferenz zwischen Lösung und Elektrodenoberfläche aus. Erfüllt der Feststoff bestimmte Eigenschaften, kann er selektiv zur Bestimmung von Ionen eingesetzt werden.

Es gibt verschiedene Arten von Elektroden:

– Elektrode 1. Art:

Eine Elektrode besteht aus Metall (Ag, Cu, etc.) und taucht in eine Lösung, in der das entsprechende Metallion gelöst ist.

– Elektrode 2. Art:

Eine Metallelektrode ist mit einer dünnen Schicht einer seiner schwerlöslichen Anionen-Verbindungen überzogen (z. B. Ag/AgCl). Die Potentialdifferenz hängt von der Aktivität des betreffenden Anions in der Lösung ab.

– Redoxelektrode

Zeigt eine Elektrode aus einem inerten Material, z. B. Platin, in einer Lösung ohne Platinionen anhand ihrer Aufladung die Oxidations- oder Reduktionskraft bestimmter Redox-Systeme an, so spricht man von einer Redoxelektrode (→ **Redoxpotential**).

Elektrolyt (3.1) Dies ist eine chemische Verbindung, die in wässriger Lösung in Ionen dissoziiert. Starke Elektrolyte dissoziieren in der

Lösung vollständig, schwache Elektrolyte dagegen nur unvollständig.

Fugazität (2.2) Im allgemeinen bezeichnet die Fugazität die Tendenz eines Stoffes, das Medium, in dem er sich befindet, zu verlassen. Für Gase gilt im speziellen: Die Fugazität ist der Partialdruck eines realen Gases in der Gasphase.

Gase in Lösung (2.2, 2.4) Für reale Systeme gilt:

$$a_i = f_i \times c_i$$

a_i: Aktivität des Gases in der Lösung $[mol \times L^{-1}]$
f_i: Fugazitätskoeffizient

$\lg f_i$ ist für Gase eine lineare ladungsunabhängige Funktion der Ionenstärke:

$$\lg f_i = B_i \times I$$

B: Konstante für Gas i; für viele Gase ist $B > 0$, damit $\gamma > 1$.

Der Effekt wirkt sich aber erst bei hohen Ionenstärken (Meerwasser) aus.

Nach dem **Henry Gesetz** $a_i = p_i \times K_H$ folgt:

$$c_i = \frac{K_H \times p_i}{f_i}$$

Mit zunehmender Ionenstärke (und $B > 0$) nimmt die Konzentration des gelösten Gases ab (Aussalzeffekt), während die Aktivität konstant bleibt (Aktivität bestimmt über das Henry-Gesetz).

Gas-sensitive Elektrode (2.2) vergleiche Beispiel NH_3-Elektrode.

Glaselektrode (2.2) → **pH-Messung**.

Gleichgewichtskohlensäure (4.1) Der Gehalt an $H_2CO_3^*$, der mit der Aktivität an CO_3^{2-}, die im Gleichgewicht mit einem Calzit-Bodenkörper steht, korrespondiert, wird Gleichgewichtskohlensäure genannt. Ist in einem System festes $CaCO_3$ vorhanden, so bedingt dies im Gleichgewicht einen bestimmten Gehalt an freier $H_2CO_3^*$. Der CO_2-Austausch mit der Atmosphäre wird vernachlässigt. Die Konzentration der Gleichgewichtskohlensäure ist gegeben über $K_{sp}(CaCO_3)$, die beiden Protolysegleichgewichte der Kohlensäure, den Gehalt an Ca^{2+} und den pH:

$pH_2CO^*_{3gg} = pCa^{2+} + pK_{a2} - pK_{a1} + 2pHCO_3^- - pK_{sp}(CaCO_3)$

In Abschnitt 4.2 werden die Aktivitäten von Ca^{2+} und HCO_3^- ermittelt. Dann kann man $pH_2CO^*_{3gg}$ berechnen. Nach Bestimmung der tatsächlich vorliegenden Aktivität von $H_2CO_3^*$ ist es möglich, durch Vergleich mit dem Gleichgewichtswert festzustellen, ob sich das System im Gleichgewicht befindet oder ob überschüssige Kohlensäure vorhanden ist (d. h. kalkaggressiv), bzw. ob das System bezüglich $H_2CO_3^*$ untersättigt ist.

Gran-Titrationstechnik (2.3) Ist das Äquivalenzvolumen anhand der Titrationskurve nicht eindeutig zu bestimmen, so behilft man sich bei der Auswertung der Kurve mit der sogenannten Gran-Technik. Dabei werden durch mathematische Umformungen Abschnitte der Titrationskurve linearisiert (d. h. der pH-Wert delogarithmiert) und über diese neugeschaffenen Funktionen (sogenannte Gran-Funktionen) das Äquivalenzvolumen bestimmt.

Güntelberg-Näherung (3.1) → **Aktivitätskoeffizient**.

H_2S-Meßtechnik (3.3) H_2S kann als gelöstes Gas direktpotentiometrisch mit einer Glas //Ag/Ag_2S-Meßkette bestimmt werden. Die EMK ist proportional zur H_2S-Aktivität und unabhängig vom pH.

Henderson-Hasselbach-Gleichung (3.2) Diese ermöglicht die Berechnung des pH-Wertes nach Gleichgewichtseinstellung eines Säure-Base-Systems.

$$pH = pK_a + \lg \frac{a_{A^-}}{a_{HA}}$$

Henry-Gesetz (2.2, 4.2) Das Henry-Gesetz beschreibt das Verteilungsgleichgewicht einer Verbindung zwischen Gas- und Wasserphase; dabei ist die Löslichkeit eines Gases proportional zu seinem Partialdruck über der Lösung (bei konstanter Temperatur).

Das Gesetz gilt nur für verdünnte Lösungen; die Henry-Konstanten sind temperaturabhängig.

$$a_i = p_i \times K_H$$

p_i: Partialdruck
a_i: Aktivität des Gases in der Lösung
K_H: Henrykonstante für das entsprechende Gas

Ionenaktivitätsprodukt IAP (3.3) Das IAP ist ein aktuell vorliegender Meßwert im Vergleich zur thermodynamischen Größe K_{sp} (Löslichkeitsprodukt).

Vergleich der beiden Größen: → „Sättigungsindex"

$$mM_{(aq)} + xX_{(aq)} \leftrightarrow M_mX_{x(s)}$$

$$IAP = a_M{}^m \times a_X{}^x$$

a: tatsächlich vorliegende Aktivitäten der Ionen in der Lösung

Ionenprodukt des Wassers K_w (2.2, 2.3)

$$K_w = a(H_3O^+) \times a(OH^-)$$

$$pK_w = pH + pOH = 14$$

Ionenstärke I (2.2, 3.1) Dies ist die formelle Ladungskonzentration in einer Lösung und das Maß für den Salzgehalt einer Lösung.

$$I = 0{,}5 \times \Sigma\, z_i{}^2 \times c_i$$

z_i: Ladung des Ions i
c_i: molare Konzentration des Ions i

In ionenarmen Lösungen geht die Ionenstärke gegen 0. In ionenreichen Lösungen muß die Ionenstärke berücksichtigt werden, da sie die Aktivität der Ionen beeinflußt. Je größer der Salzgehalt einer Lösung, desto geringer ist die Aktivität der Ionen. Für Trinkwasseruntersuchungen gibt es folgende empirische Beziehung nach Maier und Grohmann (1977), die die gemessene Leitfähigkeit mit der Ionenstärke verknüpft (siehe auch Abschnitt 4.1):

$$I = 1{,}83 \times \kappa_{20} \times 10^{-5}$$

κ_{20}: Leitfähigkeit bei 20 °C [μS cm^{-1}]

Die Gleichung ist anwendbar, wenn gilt:

- Gesamthärte ≈ 0,5 × Alkalinität;
- $100\ \mu S\ cm^{-1} < \kappa_{20} < 900\ \mu S\ cm^{-1}$;
- c_{Cl^-} < Alkalinität.

Isothermenschnittpunkt (bei pH-Meßkette) (2.2) Dies ist der Schnittpunkt der Eichgeraden, die bei verschiedenen Temperaturen aufgenommen wurden. Die Einstellung dieses Punktes ist für Messungen mit automatischer Temperaturkompensation wichtig.

Jodometrie (2.4, 3.3) Damit bezeichnet man eine Redoxtitrationsmethode, bei der IO_3^- mit I^- zu I_2 umgesetzt wird.

Kalk-Kohlensäure-Gleichgewicht (4.1) Dies ist das wichtigste Puffersystem (→ **Pufferung**) des Süßwassers.

Gleichgewichte:

(1) $CO_{2(g)} \leftrightarrow CO_{2(aq)}$

(2) $CO_{2(aq)} + H_2O \leftrightarrow H_2CO_3$

$$KH = \frac{a(H_2CO_3^*)}{P_{CO_2}} = 10^{-1,5} \frac{mol}{L \times atm}$$

$c(H_2CO_3^*) = c(H_2CO_3) + c(CO_{2(aq)})$

(3) $H_2CO_3^* + H_2O \leftrightarrow HCO_3^- + H_3O^+$
$Ka_1 = 10^{-6,4}\ mol \times L^{-1}$

(4) $HCO_3^- + H_2O \leftrightarrow CO_3^{2-} + H_3O^+$
$Ka_2 = 10^{-10,25}\ mol \times L^{-1}$

(5) $CaCO_3 \leftrightarrow Ca^{2+} + CO_3^{2-}$
$K_{sp} = 10^{-8,32}\ mol \times L^{-1}$

Die Pufferung erfolgt nach folgender Gleichung:

$CaCO_3 + H_3O^+ \leftrightarrow Ca^{2+} + HCO_3^- + H_2O$

Kalkfällung (4.1)

$Ca^{2+} + 2HCO_3^- \leftrightarrow CaCO_3 + H_2CO_3^*$
$H_2CO_3^* \leftrightarrow H_2O + CO_2$

Biogene Kalkfällung: Algen und Moose verbrauchen CO_2, dadurch sinkt die Konzentration an Gesamt-CO_2. Die Folge ist ein Anstieg des (gemessenen) pH-Wertes und eine Übersättigung der Lösung mit Ca bezüglich des neuen pH-Wertes. Der Gleichgewichts-pH-Wert bleibt so lange niedriger als der gemessene pH-Wert, bis der Fällungsvorgang abgeschlossen ist. Entsprechend ist der Langelier-Index i_L positiv.

Kalklösung (4.1)

$CaCO_3 + H_2CO_3^* \leftrightarrow Ca^{2+} + 2HCO_3^-$

Konzentration c (2.1, 3.1) Die Konzentration c(X) ist die Stoffmenge [mol] von X pro Volumen [L].

In ionenarmen Wässern (ideal verdünnte Lösung, $I \rightarrow 0$) mit geringen Konzentrationen $c \leq 10^{-6}$ mol $\times$ L^{-1} ist die gesamte Stoffmenge chemisch wirksam, d. h. c = a (Aktivität). Die Konzentration c kann titrimetrisch oder spektralphotometrisch bestimmt werden.

Lambert-Beersches-Gesetz (2.1)

$$\text{Absorption} = \varepsilon \times c \times s$$

ε: Extinktionskoeffizient
s: Schichtdicke (Küvettendurchmesser) [cm]
c: Konzentration eines Farbkomplexes [mol $\times$ L^{-1}]

Langelier-Index i_L (4.1) Da Phasenübergänge in Reaktionen kinetisch gehemmt sein können und damit das Auftreten von Ungleichgewichten ermöglichen, wird der Langelier-Index als Vergleich von realem pH-Wert und Gleichgewichts-pH-Wert eingeführt. Der Langelier-Index i_L entspricht numerisch dem Sättigungsindex für Calzit.

$$i_L = pH_{gemessen} - pH_{Gleichgewicht}$$

$i_L < 0 \rightarrow$ Kalklösung
$i_L > 0 \rightarrow$ Kalkfällung

Leitfähigkeit (2.5) Dies ist die Eigenschaft eines Lösungsmittels, elektrischen Strom zu leiten, wenn Ionen im elektrischen Feld wandern.

Die elektrische Leitfähigkeit
- ist ein unspezifisches Maß für die Gesamtionenkonzentration eines Gewässers;
- ist abhängig von Art und Konzentration der Ionen;
- ist abhängig von der Temperatur;
- ist eine Kenngröße für Herkunft und Geschichte eines Gewässers und beträgt in
  Regenwasser 5 – 30 μS $\times$ cm^{-1}
  Süßwasser 30 – 1 000 μS $\times$ cm^{-1}
  Meerwasser 45 000 – 55 000 μS $\times$ cm^{-1}.

Ionenarmes Wasser mit sehr geringen Leitfähigkeiten findet sich bei uns nur im Regenwasser und im Oberflächenwasser über

Grundgebirge. Zur Versalzung von ionenärmeren Wassern führen wasserbauliche Maßnahmen, Zerstörung natürlicher Pflanzenbedeckung sowie Verunreinigungen der Atmosphäre und Hydrosphäre.

Spezifische Leitfähigkeit: Um die Leitfähigkeitsmessung unabhängig von der Geometrie der Meßzelle zu machen, wird die Leitfähigkeit einer Eichlösung gemessen und auf deren bekannte spezifische Leitfähigkeit normiert. Multiplikation der Leitfähigkeit einer Probe mit diesem Faktor ergibt deren spezifische Leitfähigkeit, die mit derjenigen anderer Proben vergleichbar ist.

Leitwert G (2.5) Die Größe zur Beschreibung eines leitenden Mediums ist der Leitwert G.

$$G = \frac{1}{R}\,\Omega^{-1}$$

R: Widerstand Ω

$$G = \kappa \times \frac{1}{K}$$

$$K = \text{Zellkonstante} = \frac{L}{A} = \frac{\text{Länge des Leiters}}{\text{Querschnitt}}\ [\text{cm}]$$

Löslichkeitsprodukt K_{sp} (4.1)

$$mM_{(aq)} + xX_{(aq)} \rightarrow M_mX_{x(s)}$$
$$K_{sp} = a_M{}^{m} \times a_X{}^{x}$$

a: Aktivität im Gleichgewicht [mol × L^{-1}].

K_{sp} ist eine thermodynamische Größe im Vergleich zur realen Größe IAP (Ionenaktivitatsprodukt). Zum Vergleich der beiden Größen siehe unter „Sättigungsindex".

Lösung (3.1)

– ideale Lösung:
entspricht einer unendlich verdünnten Lösung (Ionenstärke I $\rightarrow$ 0)

Es gilt a = c.

– reale Lösung:
in der Lösung liegen Ionen vor, Ionenstärke > 0

Es gilt a < c.

Meßkette (2.2) Dies ist ein System aus z. B. einer ionensensitiver Meßelektrode (für pH: Glaselektrode), einer Meßlösung und einer Referenzelektrode. Die elektromotorische Kraft (EMK) wird zwischen zwei Elektroden (Halbketten) bestimmt. In der Praxis werden meist Einstabelektroden verwendet, in denen Meßelektrode und Referenzelektrode in einem Körper vereinigt sind.
– Meßkette mit Überführung:
Bestimmte Störionen müssen von einem direkten Kontakt mit der Elektrodenoberfläche ferngehalten werden. Das geschieht durch Verwendung eines Stromschlüssels, d. h. eines zusätzlichen Elektrolyten zwischen Elektrode und Meßlösung. Der Kontakt zwischen Stromschlüssel und Meßlösung erfolgt über ein Diaphragma, an dem aber aufgrund unterschiedlicher Wanderungsgeschwindigkeiten verschiedener Ionenspezies ein **Diffusionspotential** entsteht, welches die Meßgenauigkeit einschränkt. Die Meßanordnung von Referenzelektrode, Stromschlüssel und Meßelektrode wird als Meßkette mit Überführung bezeichnet.

– Meßkette ohne Überführung:
Referenzelektrode und Meßkette werden in einem gemeinsamen **Elektrolyten** (Meßlösung) eingesetzt. Dadurch tritt kein Diffusionspotential auf.

Meßmethoden Tabelle 5.2 vergleicht verschiedene in diesem Buch besprochene Meßmethoden.

Tabelle 5.2: Meßmethoden

Methode	Potentiometrie	Titrimetrie	Spektralphotometrie	Amperometrie
Messung	Aktivität	Konzentration	Konzentration	am Beispiel O_2: Fugazität
Meßbereich	logarithmisch	linear	linear	linear
Vorteile	*in situ*, großer Meßbereich, schnell	höchste Genauigkeit	genauer als Potentiometrie, hohe Sensitivität	*in situ*
Nachteile	ungenauer als Spektralphotometrie	Probe wird durch Analyse zerstört, geringe Sensitivität	Probe wird durch Analyse zerstört	Analyt (z. B. O_2) wird verbraucht, andere Gase stören evtl. die Messung

Mischungskorrosion (4.1) Werden zwei Wässer unterschiedlicher Konzentration an $H_2CO_3^*$, die sich beide im Gleichgewicht mit $CaCO_3$ befinden, gemischt, so kann die Mischungskonzentration an $H_2CO_3^*$ dennoch kalkaggressiv sein. Als Korrosion bezeichnet man allgemein die Verwitterung durch chemische Auflösung.

Nachweisgrenze (2.6) Die Menge oder Konzentration eines Stoffes, die qualitativ bestimmt werden kann, wird – bei einmaliger Analyse und mit einem Fehlerrisiko $\leq 5\,\%$ – als Nachweisgrenze bezeichnet.

Nernst-Gleichung (2.2) Damit wird die Konzentrationsabhängigkeit des Elektrodenpotentials in einem Redox-System beschrieben.

$$E = E^o + \frac{2{,}3 \times R \times T}{n \times F} \times \lg \frac{a(O_x)}{a(Red)} \quad [V]$$

NH_3-Elektrode (2.2) NH_3 kann direkt potentiometrisch bestimmt werden.

Meßanordnung: Eine pH-Elektrode wird in einer NH_4-Pufferlösung gegen Referenzelektrode geschaltet, durch eine gasdurchlässige Membran diffundiert NH_3.

Elektrolytlösung: 10^{-2} mol $\times$ L^{-1} NH_4Cl (für konst. C_{NH_3}) + 0,1 mol $\times$ L^{-1} KNO_3 (für konst. Ionenstärke)

In der Elektrolytlösung befindet sich eine hohe Konzentration an NH_4^+. Damit kann pNH_4^+ als konstant angesehen werden und die Aktivität von NH_3 ist dem pH proportional.

$pK_a + pNH_4^+ = pNH_3 + pH$

$pNH_3 = \text{konst.} - pH$

Der Transport von NH_3 durch die Membran erfolgt auf Grund des Partialdruckunterschiedes zwischen Meßlösung und Elektrolytlösung.

Normalität einer Lösung (2.4, 4.2) Die Normalität entspricht der Äquivalentkonzentration an Ladungseinheiten (Einheit in mol $\times$ L^{-1}), wobei man sich im Säure/Base-System H^+ auf Protonen (H^+) oder aber in Redoxsystemen auf Elektronen (e^-) als Redoxäquivalente bezieht.

$N = z \times c$

N: Äquivalentkonzentration oder Normalität [$mol \times L^{-1}$]
z: Zahl der pro Stoffmenge [mol] umgesetzten Protonen oder e^-
c: Stoffmengenkonzentration [$mol \times L^{-1}$]

Nullpunkt der Meßkette (bei pH-Messung) (2.2) Der Nullpunkt entspricht dem pH-Wert, bei dem die EMK = 0 V ist. Theoretisch wird die EMK bei einer ideal symmetrischen Meßkette null, wenn:

$pH_{Meßlösung} = pH_{Innenelektrolyt}$

In der Realität treten aber Asymmetriespannungen auf, die den Nullpunkt verschieben.

Mögliche Gründe hierfür sind:

- fertigungstechnische Unterschiede an der Glasmembran innen und außen;
- nicht identische Ableitesysteme bei Glas- und Referenzelektrode (z. B. $a(Cl^-)$ im Innenelektrolyt der Glaselektrode und in der Referenzelektrode sind nicht gleich), hier muß deshalb ein Nullpunktsabgleich durchgeführt werden.

pH-Effekt (2.2, 3.2) Die Auswirkungen, die eine pH-Änderung auf ein Ökosystem hat, werden als pH-Effekt bezeichnet. Ökochemisch wird unterschieden:

- allgemeiner = direkter pH-Effekt, d. h. das System ist sensitiv gegenüber Änderungen der Aktivität von H_3O^+ bzw. OH^--Ionen;
- spezifischer = indirekter Effekt, d. h. das System ist sensitiv gegenüber gelösten Komponenten, deren Molekülspezies vom pH abhängig sind (z. B. NH_4^+/NH_3).

pH-Messung (2.2) Als solche bezeichnet man die Messung der EMK zwischen einer pH-sensitiven Glaselektrode und einer Referenzelektrode (meist Ag/AgCl in 3M KCl). Prinzipieller Aufbau der Meßkette:

$E_{Asymm.} = EMK_{Lsg} - S \times (7 - pH_{Lsg})$

Eine Potentialdifferenz stellt sich in Abhängigkeit vom pH (Unterschied Meßlösung - Innenpuffer) an der Glasmembran ein. Diese Membranspannung wird zwischen der Ableitelektrode

(Innenseite der Glasmembran) und der Referenzelektrode (Außenseite der Glasmembran = Meßlösung) gemessen. Der Ladungstransport durch die Glasmembran erfolgt durch die Alkaliionen der Glasstruktur. Üblicherweise sind Glas- und Referenzelektrode zu einer Elektrode kombiniert; diese bezeichnet man als *Einstabmeßkette*.

Eine getrennte Meßkette muß man in folgenden Lösungen verwenden:

- stark belastete Abwässer;
- elektrolytarme Niederschlagswässer (Verwendung von Schliffdiaphragma).

Bei Stoffen, die mit dem Elektrolyten der Referenzhalbkette reagieren, wird zusätzlich eine Inertelektrolytbrücke (Diaphragma und schwermetallfreiem Elektrolyten) verwendet.

Potentiometrie (2.2, 3.1) Die elektrochemische Messung einer Potentialdifferenz (Spannung, EMK), die eine Meß- oder Indikatorelektrode gegen eine Referenzelektrode mit konstantem Potential zeigt, wird Potentiometrie genannt. Insbesondere die bei Titrationen zur Bestimmung der Aktivität einer Ionenart durchgeführte Spannungsmessung (→ **Meßmethoden**) wird so bezeichnet.

Protolysegleichgewicht (3.3) Es bezeichnet Gleichgewichte, an denen zwei korrespondierende Säure-Base-Paare beteiligt sind. Der relative Anteil einer Spezies an der Gesamtkonzentration einer schwachen Säure wird im Protolysekoeffizienten zum Ausdruck gebracht.

Beispiel für 3-protonige Säure:

$$c_{tot} = c(H_3A) + c(H_2A^-) + c(HA^{2-}) + c(A^{3-})$$

α: Protolysekoeffizient [–]
Der Index markiert den Deprotonierungsgrad.

$$c(H_3A) = \alpha_0 \times c_{tot}$$
$$c(H_2A^-) = \alpha_1 \times c_{tot}$$
$$c(HA^{2-}) = \alpha_2 \times c_{tot}$$
$$c(A^{3-}) = \alpha_3 \times c_{tot}$$

$$\alpha_0 = \left(1 + \frac{K_1}{c(H_3O^+)} + \frac{K_1 \times K_2}{c(H_3O^+)^2} + \frac{K_1 \times K_2 \times K_3}{c(H_3O^+)^3}\right)^{-1}$$

$$\alpha_1 = \left(\frac{cH_3O^+)}{K_1} + \frac{K_2}{c(H_3O^+)} + \frac{K_2 \times K_3}{c(H_3O^+)^2}\right)^{-1}$$

$$\alpha_2 = \left(\frac{c(H_3O^+)^2}{K_1 \times K_2} + \frac{c(H_3O^+)}{K_2} + 1 + \frac{K_3}{c(H_3O^+)}\right)^{-1}$$

$$\alpha_3 = \left(\frac{c(H_3O^+)}{K_1 \times K_2 \times K_3} + \frac{c(H_3O^+)^2}{K_2 \times K_3} + \frac{c(H_3O^+)}{K_3} + 1\right)^{-1}$$

Pufferung (4.1) Dies ist die relative Stabilität des pH-Wertes einer Lösung gegenüber Säure- oder Basezugabe. Den Punkt mit maximaler Steigung bezeichnet man als Pufferpunkt. Er liegt am Wendepunkt der Titrationskurve. Die Pufferkapazität bei einem korrespondierendem Säure/Basepaar ist am höchsten im Bereich des pK_a-Wertes und nimmt mit zunehmender Entfernung vom pK_a ab.

Redoxpotential Das Redoxpotential E_R ist ein Maß für die Arbeit ΔG ($\Delta G = - n \times F \times E_R$), die nötig ist, um Elektronen von einem Elektronendonator auf einen Elektronenakzeptor zu übertragen. Mit Einschränkungen kann das Redoxpotential mit einer Redoxelektrode (→ **Elektrodenpotential**) gemessen werden.

Referenzhalbkette (2.2) Elektroden, die so konstruiert sind, daß sie ein konstantes Potential unabhängig von der Zusammensetzung der Meßlösung liefern bezeichnet man als Referenzelektroden. Meist ist dies eine Elektrode 2. Art (Ag,AgCl; Hg,Hg_2Cl_2 = Kalomelelektrode), die in ein konstantes Ionenmedium (3 mol × L^{-1} KCl) eintaucht. Das Ionenmedium ist durch eine poröse Membran von der Meßlösung getrennt.

Sättigungsindex SI (3.3, 4.1) Dies ist der Vergleich des realen Aktivitätsproduktes IAP mit der thermodynamischen Größe $K_{sp.}$

SI = pK_{sp} – pIAP

SI > 0: Übersättigung;

das bedeutet K_{sp} < IAP; die realen Aktivitäten sind größer als die Gleichgewichtsaktivitäten (d. h. theoretisch müßte der Stoff schon ausgefallen sein).

Zwei mögliche Gründe für eine Übersättigung sind:

- Bis das Salz in einen Kristallisationszustand geht, für den K_{sp} definiert ist, entsteht ein metastabiles Zwischenprodukt, das erst später weiter auskristallisiert (z. B. FeS).
- Der Phasenübergang von flüssig nach fest ist kinetisch gehemmt (z. B. $CaCO_3$).

SI < 0: Untersättigung;
das bedeutet K_{sp} > IAP; die realen Aktivitäten sind zu gering.
Ein möglicher Grund hierfür ist, daß die Aktivität eines Ions durch ein noch schwerer lösliches Salz bestimmt wird.

Säurebindungsvermögen = Alkalinität (4.1)

Sauerstoffdefizit (4.2)

Sauerstoff-Defizit = (tatsächlicher O_2-Gehalt) – (theoretischer O_2-Sättigungswert)

Der theoretische Wert ist in Abhängigkeit von der Wassertemperatur und dem barometrischen Druck tabelliert (z. B. Sättigungswert 8,6 mg bei 20 °C und 1 013 hPa).

Sauerstoffmessung (2.4) Die Messung des gelösten Sauerstoffs kann nach verschiedenen Methoden erfolgen:

- Winkler-Methode oder hier
- amperometrische O_2-Messung
  Kathode: $O_2 + 4e^- + 2H_2O \rightarrow 4OH^-$
  Anode: $4Ag^0 + 4Cl^- \rightarrow 4AgCl + 4e^-$

Teflonmembran: Sie ist nur durchlässig für Gase in Abhängigkeit ihrer Diffusionsgeschwindigkeit und ihres Partialdruckes. Nach Anlegen einer konstanten Spannung wird der kathodische Reduktionsstrom gemessen. Angezeigt wird direkt D. O. oder der reale O_2-Partialdruck.

Zu beachten ist hierbei der Aussalzeffekt: In 2 Lösungen unterschiedlicher Konzentration mit gleicher O_2-Aktivität ist die Konzentration an D. O. in der salineren Lösung geringer.

Sauerstoffzehrung (4.2) Die relative O_2-Zehrungsintensität ist eine allgemeine Kenngröße der Abbauleistung.

relative O_2-Zehrungsintensität = BSB / CSB × 100 %

Spektralphotometrie (2.1) Sie wird auch als Kolorimetrie bezeichnet. Die Spektralphotometrie ist eine Methode zur Bestimmung der Konzentration einer Substanz.

Prinzip: Der zu untersuchende Stoff wird in eine gefärbte Lösung überführt und dann über die Farbintensität auf die Konzentration geschlossen. Dazu wird ein möglichst monochromatisches Licht (Farbe komplementär zum gebildeten Farbkomplex) durch die Lösung geschickt. Die **Absorption** (Abschwächung des Lichtes) gibt über das **Lambert-Beersche Gesetz** eine Beziehung zur Konzentration.

Stabilitätsdiagramm (3.2, 3.3, 4.1) Dieses doppeltlogarithmische Diagramm (Häggsches Diagramm, Pourbaix-Diagramm), zeigt die Verteilung der verschiedenen Spezies eines Stoffes in Abhängigkeit des pH-Wertes.

Stabilitätsdiagramme von
H_2S / HS^- / S^{2-}: siehe 3.3;
$H_2CO_3^*$ / HCO_3^- / CO_3^{2-}: siehe 4.1.

Steilheit einer Elektrode (2.2, 3.1, 3.3) Sie bezeichnet die Potentialänderung, die an einer Elektrode erfolgt, pro Logarithmus der Aktivität eines Meßions.

$$S = \frac{2{,}303 \times R \times T}{n \times F}$$

R: Gaskonstante [8,314 J × mol^{-1} × K^{-1}]
T: absolute Temperatur in K
F: Faraday-Konstante [96 490 C × mol^{-1}]
n: Anzahl Elektronen pro Formelumsatz

Für n = 1 beträgt S = 59,16 mV; S ist per Definition immer positiv.

Sulfidschwefel (3.3) Er liegt im Wasser als H_2S, HS^- und S^{2-} vor, jeweils in Abhängigkeit vom pH-Wert (vergleiche Stabilitätsdiagramm).

Metallsulfide sind schwer löslich und die einzigen echten Fällungsprodukte von Schwermetallen unter anoxischen Bedingungen.

Temperatureinfluß bei der pH-Messung (2.2) Die Temperatur beeinflußt

- die **Steilheit S** der Glaselektrode;
- Asymmetrie- und **Diffusionsspannung**.

Transmission (2.1) Dies ist die Lichtdurchlässigkeit beim Lichtdurchgang durch eine gefärbte Lösung.

Trophiegrad (4.2) Die Trophie bezeichnet die Intensität (Ausmaß) der photoautotrophen (Primär-)Produktion, die am Anfang der Nahrungskette steht und somit auch Qualität und Quantität der höheren Trophieebenen bestimmt. Entsprechend ist ein oligotrophes Gewässer durch geringe, ein eutrophes Gewässer durch hohe Primärproduktion gekennzeichnet.

Wasserhärte (4.1) Wasserhärte ist eine unspezifische Bezeichnung für das Verhalten von Wasser gegenüber Seifenlösungen.

Es gibt neben der Definition nationaler Härtegrade noch folgende Begriffe:

- Carbonathärte, Sulfathärte;
- temporäre Härte, permanente Härte.

Carbonathärte wird oft mit temporärer Härte, Sulfathärte mit permanenter Härte gleichgesetzt. In der Hydrochemie sollten diese nicht immer klar definierten Begriffe nicht mehr verwendet werden und stattdessen die Angabe der gelösten Stoffe in $mol \times L^{-1}$ erfolgen.

Index

G

H

I

J

K

L

M

N

O

P

L. Matter (Hrsg.)
Elementspurenanalytik in biologischen Matrices
Spektrum